Fabriquer des jouets en boîte de conserve

Édouard Thatcher

Writat

Cette édition parue en 2023

ISBN : 9789359256696

Publié par
Writat
email : info@writat.com

Contenu

INTRODUCTION

Les jouets en boîte de conserve ont été inventés après une recherche infructueuse dans les magasins de jouets pour trouver une grosse locomotive en fer blanc. J'avais une longue boîte de conserve dans mon magasin à la maison qui, je pensais, pouvait être très facilement transformée en chaudière de locomotive jouet en ajoutant quelques accessoires, comme un morceau de fer blanc enroulé en forme de cheminée. Une partie d'une petite boîte pourrait être utilisée pour un dôme à vapeur, ou je pourrais utiliser la partie supérieure d'une certaine boîte de poudre dentaire, dont le dessus du distributeur ressemblerait beaucoup à un sifflet. Une boîte de cacao était très pratique pour un taxi, et une boîte de punaises servait de phare. Les roues étaient faites de couvercles de boîtes de conserve soudés ensemble, et la locomotive jouet a été fabriquée, à la grande joie de mon très jeune fils, qui l'a en service constant depuis plus d'un an, et elle est encore bonne pour de nombreux voyages à la fin. d'une chaîne.

J'avais toujours utilisé des boîtes de conserve pour fabriquer des articles tels que des moteurs à eau, des pots de colle, des louches de fusion, des bouées d'amarrage pour maquettes de yachts, etc., mais la locomotive était le premier jouet entièrement fabriqué à partir de boîtes de conserve que j'avais produit, et ce suggéré d'autres jouets. Le rouleau à vapeur a ensuite été fabriqué.

J'ai trouvé que les canettes se prêtaient très facilement à la confection de jouets, tant le travail était déjà fait.

Les matériaux utilisés pour fabriquer ces jouets sont nombreux et peu coûteux : les canettes sont partout. Les outils nécessaires sont peu nombreux et faciles à utiliser, et j'ai découvert qu'il était possible de fabriquer tellement de jouets durables, différents et amusants, à partir de boîtes de conserve usagées, et aussi que tout le monde semblait s'amuser tellement à fabriquer les jouets, que j'ai décidé de les utiliser pour enseigner. fins.

La fabrication de jouets en boîtes de conserve a été testée à fond dans une école primaire sous la direction d'un professeur très compétent, qui comprend leur fabrication. Les élèves de dix, onze et douze ans ont prouvé que ces jouets sont faciles à fabriquer, et de nombreuses écoles disposent désormais d'un travail bien établi.

Le rouleau compresseur, représenté sur la planche XI , a été fabriqué par un garçon de dix ans d'après un modèle que j'avais réalisé pour lui. Ce même garçon développa son propre métier en soudant diverses pièces de ferblanterie pour sa mère et les voisins.

Mais mieux encore, le travail avec les boîtes de conserve a développé les facultés inventives de ma classe à un degré surprenant. Les élèves ont imaginé et réalisé eux-mêmes de nombreux modèles, non seulement des jouets mais aussi des objets utiles. Divers membres de la classe ont étudié les gros camions, les automobiles, les moteurs de levage, les locomotives, les bateaux et autres objets similaires que l'on voit dans n'importe quelle communauté riveraine, pour voir comment ils étaient fabriqués, comment ils fonctionnaient et pourquoi. Ces élèves retournèrent ensuite dans les ateliers de l'école et fabriquèrent leurs propres modèles, dont beaucoup faisaient preuve d'une invention et d'une ingéniosité considérables.

J'ai décidé d'enseigner aux aides-soignants de mes classes à l'Université de Columbia comment fabriquer ces jouets, afin qu'ils puissent à leur tour enseigner aux soldats blessés dans les hôpitaux.

C'est un grand plaisir de savoir qu'au moment où ce livre est sous presse, de nombreux soldats blessés ont été et sont encore amusés et ont bénéficié de la fabrication de jouets en boîte de conserve ici.

Mais la fabrication de jouets en boîte de conserve ne se limite en aucun cas aux hôpitaux et aux écoles. Quiconque a envie de bricoler, de manipuler des outils, d'utiliser des déchets, peut trouver plaisir et profit à assembler des boîtes de conserve et des parties de celles-ci. De nombreuses choses utiles et attrayantes peuvent être fabriquées pour la maison, le magasin ou le camp.

J'ai trouvé qu'il était tout à fait possible de fabriquer de nombreuses choses décoratives à partir de boîtes de conserve, et depuis quelques années, j'ai fabriqué des lanternes, des chandeliers, des appliques et des plateaux de toutes sortes. La forme des canettes elles-mêmes les prête à la décoration lorsqu'elles sont assemblées par une personne ayant le sens du design et des proportions.

Il n'y a rien de faible ou de fragile dans un jouet en boîte de conserve bien fait. Une bande de fer blanc plat se plie très facilement ; si cette même bande d'étain est pliée à angle droit sur toute sa longueur, comme la cornière rencontrée dans la ferronnerie, elle se révélera remarquablement rigide.

Pliez un angle de chaque côté d'une bande de fer blanc, comme un profilé en fer utilisé dans les bâtiments ; il supportera une charge remarquable.

J'ai utilisé les formes courantes employées dans l'acier de construction pour construire les jouets présentés dans ce livre, avec pour résultat qu'ils sont étonnamment solides et durables, bien qu'ils soient entièrement fabriqués à partir de boîtes de conserve ou d'étain provenant de boîtes de conserve et de boîtes aplaties.

Aucun bord rugueux ou tranchant n'est laissé sur ces jouets. Les bords d'un morceau de fer blanc peuvent être repliés ou « ourlés », ou une bande de fer blanc pliée peut être glissée sur un bord qui doit être renforcé. Ainsi, tout risque de coupure des doigts ou de déformation des bords fins est éliminé.

Bien qu'il soit fabriqué en étain, un jouet en boîte de conserve bien fait et bien peint n'a rien de « grêle ».

Très peu d'outils très simples sont nécessaires pour le travail et la soudure, le flux à souder, les rivets, le fil et la peinture sont des articles très bon marché, car il faut en utiliser très peu pour chaque pièce produite.

La soudure est de loin l'opération la plus importante impliquée dans la fabrication de jouets en boîte de conserve. Mais c'est très simple, une fois que c'est compris. Lorsque les principes qui régissent le processus de soudure sont parfaitement maîtrisés, cela ne pose aucune difficulté. Les chapitres IV et V doivent être lus et relus attentivement avant d'essayer de souder, et au moins deux pièces d'entraînement bien soudées ensemble avant d'aller plus loin.

Depuis que les jouets en boîte de conserve ont été introduits dans mes cours à l'université , j'ai enseigné à plus de deux cents élèves comment les fabriquer. Beaucoup de ces élèves n'avaient que peu ou pas d'expérience avec les outils et n'avaient jamais espéré en avoir jusqu'à ce que la guerre éclate et change les idées de beaucoup de gens quant à leur capacité à travailler de leurs mains. Je n'ai pas encore rencontré d'élève qui ne savait pas souder après une très courte période d'enseignement.

Regardez le bout d'un petit bidon d'huile d'olive ou le bout d'une boîte couramment utilisée pour contenir du cacao, puis pensez à la forme du radiateur et du capot de l'automobile moderne. La forme de la canette et celle du capot de l'automobile sont très similaires. Quelques trous percés à l'extrémité de la boîte en rangées régulières la transforment en apparence un radiateur miniature, et certaines fentes découpées sur le côté de la boîte ressemblent beaucoup aux bouches d'aération sur le côté d'un véritable capot de voiture. Soudez le capuchon d'un tube de dentifrice ou de peinture en place sur le radiateur, et le capot et le radiateur sont terminés.

Fabriquer un capot de ce type à partir d'une simple feuille de métal aurait demandé beaucoup plus d'habileté que ce que le bricoleur moyen est susceptible d'en posséder, mais vous l'avez prêt à l'emploi dans la boîte de conserve, et c'est toute l'idée d'un jouet en boîte de conserve. bâtiment.

Moins de la moitié d'un bidon rectangulaire de deux litres utilisé pour une certaine huile de cuisson constitue une carrosserie de camion si semblable à celle des vrais camions qu'il serait difficile d'en trouver ou d'en fabriquer une plus semblable à celles-ci.

De nombreux types de bateaux qui flotteront réellement peuvent être fabriqués à partir de boîtes de conserve de maquereau et de hareng qui ont généralement la forme de bateaux. Deux boîtes de maquereaux soudées ensemble suggèrent le char de combat. Seul un peu de travail est nécessaire pour transformer ces canettes en véritables jouets.

Les longues boîtes cylindriques suggèrent des chaudières pour locomotives jouets, moteurs de levage et de traction, rouleaux à vapeur, etc.

Les roues du matériel roulant peuvent être fabriquées à partir de canettes ou de couvercles de canettes. Les petites boîtes de ruban adhésif constituent d'excellents phares ou projecteurs, ainsi que des postes de pilotage pour les petits remorqueurs. Les bouchons de bouteilles, les boîtes à punaises et les petits bouchons à vis des bidons d'huile d'olive ou de cuisson suggèrent des feux avant, latéraux et arrière pour automobiles jouets, et bien d'autres choses.

Outre le plaisir que procure la fabrication même de jouets en boîte de conserve, la plus grande satisfaction réside peut-être dans le fait que vous utilisez des matériaux habituellement jetés et que vous fabriquez quelque chose à partir de rien.

Aussi ce livre est-il offert aux bricoleurs par un bricoleur dans l'espoir qu'ils en tireront un peu du plaisir qu'il a eu à l'écrire .

EDOUARD THATCHER.

Woodstock, comté d'Ulster, New York.
Septembre 1919.

EXTRAIT D'UNE LETTRE ÉCRITE À L'AUTEUR PAR UNE ANCIENNE ÉLÈVE
MME. CLYDE M. MYERS

AIDE À LA RECONSTRUCTION, DIRECTEUR DE L'ATELIER DE LA CROIX-ROUGE POUR LES PATIENTS DE L'HÔPITAL DE LA BASE NEUROLOGIQUE 117, LA FAUCHE, HAUTE MARNE, FRANCE

« L'hôpital était nouveau et ses besoins étaient nombreux. Nous avons commencé à travailler le lendemain de notre arrivée et au moment où notre petit matériel était déballé (Mme Myers fait ici référence à son propre équipement personnel d'outils qui était nécessairement petit car il était importé d'Amérique. Les magasins de l'hôpital n'étaient pas équipés de outils jusqu'à ce que les aides aient établi le travail et décidé des outils nécessaires), des demandes arrivaient de tous les quartiers de l'hôpital pour que nous fabriquions tout, des tables et plats aux coupe-beignets. Il y avait un tel manque de matériel que le problème de leur fabrication aurait pu être résolu rien de moins que l'ingéniosité du soldat américain et l' omniprésence de l' empilement de boîtes de conserve.

« Certains anciens lits d'hôpitaux français trouvés sur les tas de récupération ont été rapidement transformés en établis. C'est alors que la boîte de conserve a cessé d'être un objet à brûler et à enterrer pour prendre tout son sens.

« Notre premier besoin était un four à charbon pour chauffer nos cuivres à souder. Celui-ci était fabriqué à partir de deux grandes boîtes carrées avec un entoilage en brique. Un bout de vieille grille complétait ce fourneau en parfait état qui nous servit bien pendant plusieurs mois.

« Les besoins de la cuisine ont ensuite été examinés. Pour faire la vaisselle , nous avons fabriqué trois immenses cuves en bois de 2 pieds sur 2½ sur 6 pieds. Le revêtement et les tuyaux d'évacuation de ces derniers étaient fabriqués à partir de plusieurs grandes boîtes de conserve. À mesure que la taille de l'hôpital augmentait, il y avait une demande constante pour des articles tels que des moules à biscuits, des coupe-beignets, des entonnoirs, des râpes à pommes de terre, des passoires à légumes, des porte-savons et d'autres petits produits de première nécessité.

« Pour les quartiers des officiers, les casernes et les cabanes de loisirs, nous fabriquions des chandeliers en étain, des porte-fleurs, des cendriers, des abat-jour électriques, des plateaux à thé, des ensembles de bureau et des boîtes de classement. Tous ces éléments étaient non seulement utiles mais aussi très ornementaux, car ils étaient joliment peints et décorés par les patients. Les soldats s'intéressaient beaucoup à la fabrication de jouets mécaniques, notamment de jouets de guerre, tels que des chars, des avions , des canons et des camions militaires.

« Les réflecteurs des feux de position de la scène du refuge de la Croix-Rouge étaient fabriqués à partir de boîtes de conserve. Les hommes de la fin du spectacle de ménestrels étaient plutôt gais, portant des chapeaux en boîte de conserve - quoi de plus simple - un bord en fer blanc avec une boîte de beurre inversée en guise de couronne, peinte de façon criarde et enrubannée !

PLAQUE I

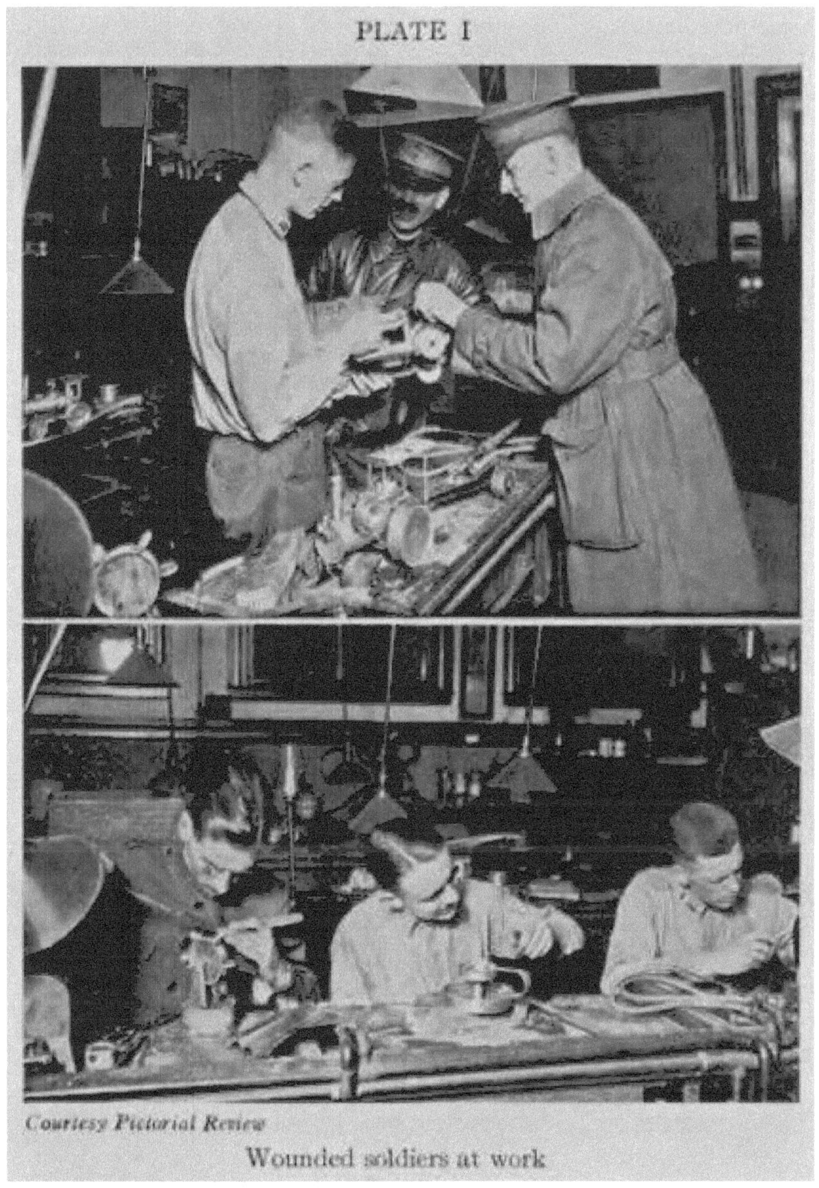

Revue illustrée de courtoisie

Soldats blessés au travail

« La princesse de la pièce de Noël avait besoin d'une armure étincelante. Des demi-cercles d'étain se chevauchant non seulement servaient à cela, mais étaient d'une beauté scintillante. Les Rois Mages de la pièce avaient cruellement besoin de couronnes ; trois boîtes de flocons d'avoine ont été magnifiquement transformées en coiffes royales pour eux.

« L'arbre de Noël était brillant avec des centaines d'étoiles, de diamants, de croissants et de bougeoirs, ce qui était la dernière contribution de notre ami tant recherché et indéfectible , l'empilement de boîtes de conserve, alors que l'hôpital était évacué peu de temps après.

« J'ai eu l'entière responsabilité du travail et j'ai enseigné aux autres aides le fonctionnement des boîtes de conserve, car c'était une chose des plus nécessaires pour eux de savoir. Beaucoup de ces aides ont été envoyés dans d'autres ateliers hospitaliers et y ont introduit le travail.

MME CLYDE M. MYERS, RA

CHAPITRE I
LES BOÎTES DE CONSERVE

DIVERS TYPES DE BOÎTES ET DE BOÎTES—PRÉPARATION DES BOÎTES POUR LE TRAVAIL—DÉCOUPE ET OUVERTURE DES BOÎTES ET DES BOÎTES

Il existe de nombreuses formes et tailles de boîtes de conserve et de boîtes, comme tout le monde le sait ; rond, carré, elliptique, grand, court ou plat. Un nombre surprenant de formes et de tailles attrayantes peuvent être collectées en peu de temps dans n'importe quelle communauté. Les femmes au foyer ne sont que trop heureuses de trouver quelqu'un pour les utiliser.

Les boîtes de conserve bien rincées à l'eau chaude dès que le contenu est retiré ne sont pas du tout désagréables à travailler ; mais les boîtes de conserve qui n'ont pas été rincées, ou qui ont été jetées et exposées aux intempéries, sont des objets très désagréables, et d'ailleurs une boîte de conserve rouillée est très difficile à souder. Il est simple de rincer ou d'ébouillanter une boîte de conserve dès que son contenu est retiré.

Les boîtes de tomates, de maïs, de pois et de lait concentré sont les plus abondantes. Les boîtes de café, de thé, de cacao, de confiture, de maquereau et de sardine, les boîtes d'huile d'olive et d'huile de cuisson, la levure chimique et les boîtes d'épices sont tous utiles pour préparer les choses décrites dans ce livre et bien d'autres encore. Les boîtes à biscuits, les boîtes à tabac, la crème froide, la pommade et les petites boîtes de ruban adhésif contiennent toutes des possibilités. Les bouchons à vis des bidons d'huile d'olive et d'huile de cuisson, ainsi que les bouchons des bouteilles, doivent être collectés pour ce travail. Les couvercles en verre gélifié, en fait, tous les couvercles en étain peu profonds sont utiles. Les boîtes de sirop et de mélasse avec des couvercles séparés qui se mettent en place valent la peine d'être conservées, en particulier les couvercles. Certains conteneurs de matières sèches sont désormais en grande partie constitués de carton avec des dessus, des couvercles et des fonds en étain. Les parties en étain de ces récipients ont souvent une forme attrayante. Les grandes canettes rondes d'un gallon utilisées par les hôtels et les restaurants sont particulièrement utiles, et un morceau d'étain de grande taille peut être obtenu sur les côtés de la canette et le fond peut être utilisé pour de grandes soucoupes chandeliers et bien d'autres choses. De grandes boîtes carrées en fer blanc contenant 100 livres de cacao peuvent être obtenues dans certains restaurants. Ceux-ci sont faits d'étain épais et cinq grandes feuilles peuvent être découpées à partir du fond et des côtés. Il faudrait payer bien plus d'un dollar pour la même quantité d'étain.

Préparation des canettes pour le travail. — Les bidons qui ont contenu de la peinture, du noircissement de poêle, des huiles lourdes ou des graisses, ou les bidons qui ont été laissés là avec une partie du contenu exposé à l'air, peuvent être soigneusement nettoyés de toutes matières étrangères par le bain de lessive chaude. Ce bain est préparé en ajoutant deux grosses cuillères à soupe de lessive ou de lessive de soude au gallon d'eau bouillante. Les canettes bouillies dans cette solution pendant quelques minutes seront nettoyées de toute peinture, étiquette en papier, etc. Gardez les mains hors de la solution et ne laissez rien entrer en contact avec les vêtements. Soulevez l'ouvrage avec un crochet métallique et rincez la lessive à l'eau chaude ; placez les canettes vers le haut afin qu'elles s'écoulent sans qu'il ne reste d'eau à l'intérieur. La solution de lessive peut être utilisée plusieurs fois, puis versée dans l'évier, car la lessive est une excellente chose pour les tuyaux d'évacuation. Ne laissez pas un bain de lessive dans l'atelier sans le couvrir hermétiquement lorsqu'il n'est pas utilisé, car les vapeurs qui s'en dégagent rouilleront certainement tous les outils présents.

Les boîtes de café, de thé, de cacao, de talc et autres contenant des matières sèches n'ont pas besoin d'être mises dans le bain de lessive jusqu'à ce qu'elles soient prêtes à être peintes, à moins que les étiquettes ne gênent trop la soudure. Les petites boîtes comme celles qui contiennent du tabac sont presque recouvertes d'une sorte de peinture vernie. Cela peut être gratté à l'endroit où la boîte doit être soudée, mais si beaucoup de soudure doit être effectuée, la boîte entière doit être bouillie dans le bain de lessive jusqu'à ce que toute la peinture soit enlevée. Parfois, la lessive ramollit la peinture mais ne l'enlève pas entièrement. Plus de lessive peut être ajoutée au bain et l'œuvre y est laissée pendant un certain temps plus longtemps, ou l'œuvre peut être retirée du bain et la peinture ramollie est nettoyée avec une brosse à récurer et beaucoup d'eau propre. Après avoir été utilisé plusieurs fois, le bain deviendra trop boueux et trop faible pour être utilisé ultérieurement et il faudra alors en préparer un nouveau, car la lessive est peu coûteuse.

Pour un bon travail, il est nécessaire que les bidons soient parfaitement propres.

Découper et ouvrir des canettes et des boîtes. — Il existe un moyen très simple de découper et d'ouvrir une boîte de conserve ou une boîte. Pour fabriquer des roulettes, des petits plateaux et autres, il faut découper une bonne partie des côtés de la boîte en laissant une petite partie des côtés attachée au fond. La partie découpée peut être aplatie et utilisée pour fabriquer diverses choses. Comme la plupart des boîtes de conserve utilisées sont ainsi découpées à diverses dimensions, soit pour utiliser le fond avec une partie des côtés, soit pour obtenir des feuilles d'étain plates, il conviendra de considérer la manière la plus simple de procéder.

Tout d'abord, déterminez quelle partie de la partie inférieure de la boîte doit rester intacte. Ensuite, à l'aide d'une paire de séparateurs ouverts à cette dimension, tracez une ligne parallèle à la base de la boîte et tout autour de celle-ci. Pour ce faire, maintenez la boîte contre le banc avec la main gauche afin qu'elle puisse être tournée contre les points de séparation, comme indiqué sur la planche IV, *a* . Maintenez fermement les séparateurs contre le banc et contre la boîte de manière à ce que le point le plus élevé soit maintenu exactement à la même hauteur par rapport au banc pendant le retournement ou le marquage, tout en tournant la boîte contre le point pour la marquer.

PLAQUE II

Army truck shown in frontispiece assembled from group of cans
shown below

Tin cans used to make the army truck shown in frontispiece

Camion militaire illustré en frontispice assemblé à partir du groupe de
canettes illustré ci-dessous

Boîtes de conserve utilisées pour fabriquer le camion militaire présenté en
frontispice

PLAQUE III

Revue illustrée de courtoisie

La matière première à partir de laquelle de nombreux jouets présentés dans ce livre ont été fabriqués

PLAQUE IV

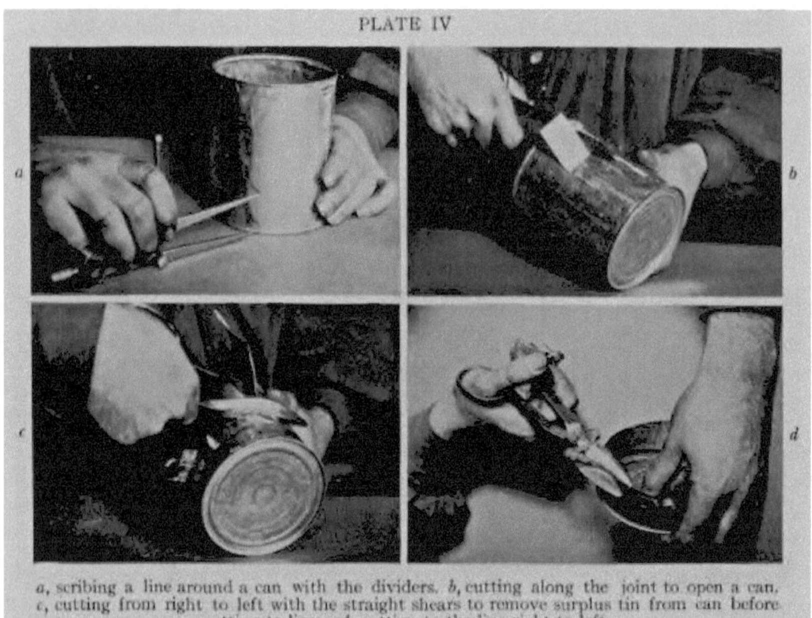

a, scribing a line around a can with the dividers. b, cutting along the joint to open a can.
c, cutting from right to left with the straight shears to remove surplus tin from can before
cutting to line. d, cutting to the line right to left

a , traçant une ligne autour d'une boîte de conserve avec les séparateurs. *b* , couper le long du joint pour ouvrir une boîte de conserve. *c* , en coupant de droite à gauche avec les cisailles droites pour enlever le surplus d'étain de la boîte avant de couper selon la ligne. *d* , coupant jusqu'à la ligne de droite à gauche

PLAQUE V

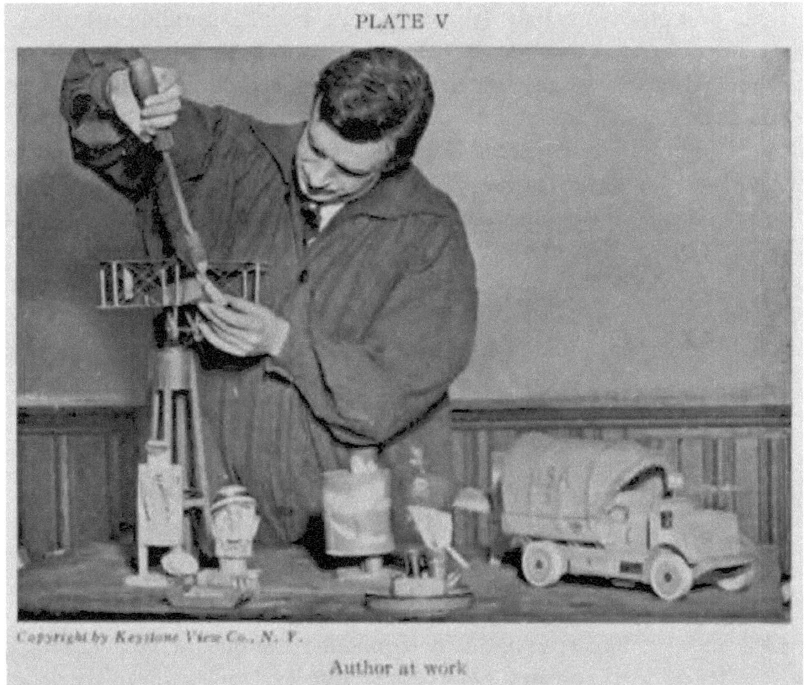

Copyright par Keystone View Co., NY

Auteur au travail

Ensuite, à l'aide d'une paire de cisailles à métal droites, coupez chaque côté de la couture ou du joint sur le côté de la boîte à moins d'un demi-pouce de la ligne horizontale que vous avez marquée avec les séparateurs (voir planche IV, b).

Pliez la bande étroite contenant la couture et coupez-la avec la cisaille. Cela vous donnera une fente ouverte sur le côté de la boîte dans laquelle les cisailles pourront être facilement introduites pour couper horizontalement autour d'elle.

N'essayez pas de couper directement sur la ligne marquée autour de la boîte avec les séparateurs, mais commencez à couper environ un demi-pouce au-dessus de cette ligne et coupez complètement autour de la boîte jusqu'à ce que vous en ayez coupé toute la partie supérieure. Après avoir coupé la plus grande partie du métal, la bande étroite restant au-dessus de la ligne peut être facilement coupée car elle s'enroule pour s'écarter lorsqu'elle est coupée par les cisailles.

La boîte doit être tenue dans la main gauche avec l'extrémité ouverte ou le haut vers vous (voir planche IV, *c*). Assurez-vous de tenir la canette de cette manière. Avec les cisailles à ferblantier tenues dans la main droite, commencez toujours à couper vers la main gauche lorsque vous coupez autour d'une boîte de conserve ou d'une boîte. Pliez la boîte pendant que vous coupez. Vous constaterez qu'il est impossible de couper en ligne droite ou de faire une coupe continue et ininterrompue tout en coupant une grande partie de la boîte. Mais une fois le plus gros morceau retiré, la bande étroite restant au-dessus de la ligne peut être facilement coupée si vous coupez vers votre main gauche et tenez l'extrémité ouverte de la boîte vers vous. Il est impossible de couper une ligne droite autour d'une forme cylindrique avec une paire de cisailles droites à moins que les cisailles coupent de droite à gauche et que la partie du métal coupée soit la plus proche de l'opérateur.

Le débutant aura peut-être plus de facilité à manipuler les canettes s'il porte une paire de vieux gants de chevreau fins.

Si l'on peut se le permettre, la paire de cisailles doubles telles que celles répertoriées dans les outils supplémentaires à la page 31 sont d'excellentes choses à avoir pour ouvrir et couper autour des boîtes de conserve. Ces cisailles ont trois lames, et une lame coupant entre deux lames fixes coupe une étroite bande d'étain au fur et à mesure que les cisailles travaillent de telle manière qu'une ligne droite peut être suivie autour d'une boîte de conserve lors de la première coupe. La pointe de la lame unique peut être enfoncée dans le côté d'une boîte et la coupe peut commencer autour de la boîte à tout moment. Si de nombreuses boîtes doivent être coupées, ces cisailles à double coupe vous permettront d'économiser beaucoup de temps et d'ennuis. Cependant, les cisailles droites répondront assez bien si les instructions ci-dessus sont soigneusement suivies.

Assurez-vous d'essayer de ne pas couper jusqu'à la ligne la première fois que vous coupez autour d'une boîte de conserve. Coupez d'abord la plus grande partie, puis coupez jusqu'à la ligne lorsqu'il n'y a qu'une bande étroite à couper. Cela ne vous dérange pas si la première pièce découpée semble très rugueuse et irrégulière. Cela peut être un peu difficile au début, mais la patience et la pratique rendront bientôt très facile d'ouvrir une boîte de conserve de cette manière, à l'aide d'une paire de cisailles droites ordinaires.

Coupez le dessus de la boîte ou le bord roulé adhérant à la partie de la boîte qui est découpée ; coupez tous les bords irréguliers ; placer à plat sur le banc ou l'enclume et aplatir la boîte à coups légers d'un maillet en bois. Mettez cette boîte de côté jusqu'à ce que vous en ayez besoin.

Je trouve pratique de couper le bord supérieur ou roulé des grandes boîtes rondes avant de les couper autour d'elles près du fond, car il est alors facile de plier la feuille d'étain relativement grande pour l'écarter des cisailles lorsque je coupe autour de la boîte. au fond. Une grande paire de cisailles est très pratique pour ouvrir de grandes boîtes de conserve, mais les petites feront l'affaire si elles sont utilisées intelligemment.

Lorsque vous coupez du métal avec une paire de cisailles, rappelez-vous toujours que les cisailles coupent plus puissamment près du joint ou du boulon, en particulier lorsque vous coupez un joint plié ou un joint soudé. Gardez les cisailles bien huilées et faites-les affûter par un mécanicien compétent lorsqu'elles deviennent émoussées.

Lorsque vous coupez des bandes étroites d'étain, veillez à ne pas coincer l'étain entre les lames de cisaille, de sorte que les lames soient écartées latéralement. Gardez le boulon serré afin que les lames s'emboîtent étroitement.

On pourrait supposer que les doigts coupés ou brûlés seraient nombreux chez une grande classe de fabricants de jouets en étain, mais cela ne s'est pas avéré être le cas. Il y a eu étonnamment peu d'accidents de ce genre et aucun d'entre eux n'a été grave.

On apprend vite comment manipuler l'étain de manière à éviter les bords rugueux ou tranchants et qu'un cuivre à souder est doté d'un manche suffisamment large pour qu'il puisse être manipulé facilement et en toute sécurité lorsqu'il est chaud.

Certains étudiants ont découvert que de vieux gants de chevreau avec des parties des doigts coupées offraient une protection aux mains qui n'étaient pas utilisées pour le travail en magasin.

Une bouteille d'iode était gardée à portée de main et les coupures légères rencontrées étaient immédiatement lavées à l'eau froide et de l'iode était appliqué sur la coupure qui était ensuite légèrement bandée. Ce traitement s'est avéré très efficace et n'a entraîné aucun effet néfaste.

Un mélange d'huile de lin pure et d'eau de chaux peut être obtenu chez tous les pharmaciens et c'est un remède très efficace contre les brûlures. La solution doit être bien agitée et appliquée directement sur la brûlure qui doit ensuite être bandée avec des bandages mouillés du mélange.

Le savon à lessive brun commun transformé en une mousse épaisse est un excellent remède contre les brûlures légères.

Le soin et la patience utilisés dans la manipulation de la boîte et des outils laisseront très peu d'utilité aux remèdes ci-dessus dans le magasin.

Les différents problèmes présentés dans ce livre sur les jouets en boîte de conserve doivent être résolus dans l'ordre dans lequel ils sont présentés, car chacun a une relation définie avec les autres. Assurez-vous de résoudre d'abord les problèmes les plus simples, même si vous avez une expérience considérable dans d'autres formes de travail des métaux. De nombreux procédés particulièrement adaptés au travail de l'étain sont utilisés pour fabriquer des jouets en boîte de conserve.

Bien que ces processus soient très simples, ils sont quelque peu différents de ceux impliqués dans le travail du cuivre et la fabrication de bijoux, bien qu'ils soient plus étroitement liés au travail commercial du métal d'aujourd'hui.

CHAPITRE II
OUTILS ET APPAREILS ÉLECTROMÉNAGERS

LISTES D'OUTILS ET COÛTS - PRÉSENTATION ET MARQUAGE DES TRAVAUX - APPAREILS D'ATELIER

Dans ce chapitre, les noms et les coûts approximatifs des outils et appareils sont donnés ainsi que des suggestions quant à l'aménagement de l'atelier pour travailler avec les canettes. Différentes méthodes sont proposées pour disposer l'ouvrage avec la règle, l'équerre et les intercalaires.

Il faut se rappeler que les prix des outils ne sont pas fixes et que les prix indiqués dans les listes suivantes sont les prix du marché d'aujourd'hui, le 29 juillet 1918. À l'heure actuelle, les prix des outils sont beaucoup plus élevés que d'habitude en raison des conditions provoquées par la guerre. Les prix des outils varient en fonction des conditions du marché.

Les outils répertoriés peuvent être achetés dans n'importe quelle bonne quincaillerie ou commandés à partir des catalogues de l'une des grandes maisons de vente par correspondance (à l'exception du dossier de toiture en bois et du maillet de formage). Bien que le dossier ne soit pas absolument nécessaire pour plier les angles de l'étain, il est bien préférable d'en avoir un pour réaliser les nombreux angles employés dans le travail de l'étain que de tenter de plier à la main, et particulièrement lorsqu'il s'agit de faire de grands angles pour des lanternes. tours, châssis d'automobile et autres. En fait, il est utilisé presque constamment.

Le dossier de toiture en bois n'est pas disponible en stock dans les quincailleries et les maisons de vente par correspondance, mais il peut être commandé chez un revendeur d'outils de ferblantier ou de tôlier. N'importe quel bon ferblantier ou plombier vous dira où en commander un.

Le maillet de formage est facilement fabriqué à partir d'un bloc d'érable ou d'un morceau de manche à balai, comme décrit sous Shop Appliances.

Il va de soi que des outils aussi simples que des règles et des crayons sont à portée de main.

LISTE D'OUTILS POUR FABRIQUER DES JOUETS ET DES OBJETS DÉCORATIFS EN BOÎTE DE CONSERVE PLUS SIMPLES

1 cuivre à souder, poids 1 lb (1 lb poids réel de l'extrémité en cuivre)

1 manche en bois pour le cuivre

1 paire de cisailles de ferblantier, 8 ou 10 pouces

1 paire de pinces à bec plat, 4 pouces

1 paire de pinces à bec rond, 4 pouces

1 paire de séparateurs , 6 pouces

1 petit marteau à riveter ou à clouer

1 lime demi-ronde, coupe fraisée lisse, 8 à 10 pouces

1 maillet en bois, face de 3 pouces

1 boîte de pâte à souder

1 barre de soudure tendre

2 livres. fil de soudure tendre

1 maillet de formage en bois (fait maison)

1 dossier de toiture en bois (facultatif)

> (Le dossier de toiture peut être obtenu uniquement auprès d'un revend. ferblantier.)

1 étau (mâchoires de 3 pouces)

1 carré d'essai, 6 pouces

Matériel nécessaire en dehors des canettes. — Fil galvanisé, 10 ou 15 pieds chacun des diamètres suivants : $\frac{1}{16}$, $\frac{1}{8}$, $\frac{3}{16}$, $\frac{1}{4}$ (s'il est impossible d'obtenir tous ces diamètres, obtenez $\frac{1}{8}$ de pouce ou plus). Clous métalliques, environ $\frac{1}{2}$ lb de chacune des tailles suivantes : 2d, 3d, 4d, 6d, 8d, 10d, 20d (d est l'abréviation de penny). Rivets étamés, plusieurs douzaines de la plus petite taille (une boîte contenant un brut coûte à peu près six douzaines). Boîte de lessive ou 2 livres de lessive de soude. Pour chauffer le cuivre à souder, un appareil de chauffage quelconque, tel qu'un poêle à kérosène à flamme bleue, un four à gaz ou un poêle à gaz ordinaire à un brûleur, un four à charbon ou une torche de plombier à essence avec des accessoires pour maintenir le cuivre. Une grande boîte ou un seau, ou une vieille chaudière de lavage pour contenir la solution de lessive chaude.

d'outils supplémentaires . — Les outils nommés dans cette liste seront très pratiques pour fabriquer les modèles les plus avancés, en particulier la perceuse à main et les forets hélicoïdaux qui sont utilisés avec la perceuse à main. Les outils supplémentaires ne sont en aucun cas nécessaires à la fabrication des jouets en boîte de conserve, mais si l'on peut se le permettre, ils s'avéreront extrêmement pratiques. Cependant, presque tous les modèles peuvent être réalisés avec les outils répertoriés à la page 29 , si l'on est suffisamment habile dans leur utilisation. Plus on travaille avec des outils, moins on a besoin d'outils si les outils sont utilisés intelligemment.

Les outils des deux listes doivent être achetés, si possible, car ce sont tous des outils couramment utilisés dans les ateliers de travail des métaux. Achetez d'abord les outils répertoriés à la page 29 et allez aussi loin que possible avec eux, puis achetez autant d'outils supplémentaires que possible lorsque vous en avez besoin.

Sauf indication contraire, ces outils peuvent être achetés dans n'importe quelle bonne quincaillerie.

LISTE D'OUTILS SUPPLÉMENTAIRES

1 perceuse à main, capacité $\frac{1}{32}$ à $\frac{3}{16}$ pouces

4 forets hélicoïdaux, $\frac{1}{16}$, $\frac{1}{8}$, $\frac{3}{16}$, $\frac{1}{4}$ de pouce de diamètre

1 paire de grandes cisailles de ferblantier, 12 ou 16 pouces

1 paire de cisailles de ferblantier courbées, 8 pouces

1 paire de cisailles double coupe, 8 pouces (en option)

1 paire de pinces coupantes latérales, 5 pouces

1 paire de séparateurs à ressort, 6 pouces

1 paire d'étriers extérieurs, 6 pouces

      (Des séparateurs à ressort et des étriers extérieurs peuvent parfois être obt
magasins 5 et 10 cents.)

1 petit cuivre à souder, pesant environ 4 onces

1 lime demi-ronde 8 pouces (coupe fine)

1 lime ronde de 8 pouces de long et $\frac{1}{4}$ de pouce de diamètre

1 petit ciseau à froid, $\frac{1}{4}$ de pouce de largeur au bord tranchant

1 gros ciseau à froid, $\frac{3}{4}$ de pouce au bord tranchant

      (Un vieux ciseau à bois est tout aussi efficace pour couper l'étain.)

3 jeux de clous, $\frac{1}{16}$, $\frac{1}{8}$, $\frac{3}{16}$ pouce de diamètre à la pointe, chacun

(Ces jeux de clous peuvent également être utilisés comme poinçons ou me
pointes de burin. De petits ciseaux et jeux de clous peuvent être obtenus c
10 cents.)

1 poinçon de menuisier

(Un pic à glace du même type fera également l'affaire.)

6 petites pinces de tailles différentes

(Ces pinces peuvent généralement être trouvées dans les magasins 5 et 10

1 piquet de hachette, lame de 9 pouces

(Obtenu uniquement auprès des fournisseurs de ferblantiers et de tôlie
peut être fabriqué à partir d'une hachette à 10 cents. Achetez le pieu de ha
vous le permettre.)

1 perceuse d'établi

(La perceuse d'établi n'est en aucun cas nécessaire pour aucun des modèle
mais c'est un outil très pratique à avoir en magasin. Avec cet outil, un tr
percé perpendiculairement à l'ouvrage. une perceuse à main répondra à t
ne peut pas se permettre cet outil.)

Disposition et marquage du travail. — Avant d'essayer de commencer le
travail proprement dit avec les boîtes de conserve, il peut être bon d'envisager
diverses manières de mesurer certaines dimensions et de transférer ces
mesures à la surface de la boîte de conserve, ainsi que de tracer et de marquer
les travaux de découpe, de pliage, etc.

Les outils nécessaires à ce travail sont peu nombreux et simples. Une règle,
un poinçon de marquage, une petite équerre d'essai et une paire de
séparateurs à ressort suffisent pour cette partie du travail. La règle peut être
en bois ou en métal et doit mesurer au moins 12 pouces de longueur et les
divisions en pouces y sont marquées. Une règle simple et droite en bois dur,
comme celle utilisée dans les écoles primaires, fera très bien l'affaire.

PLAQUE VI

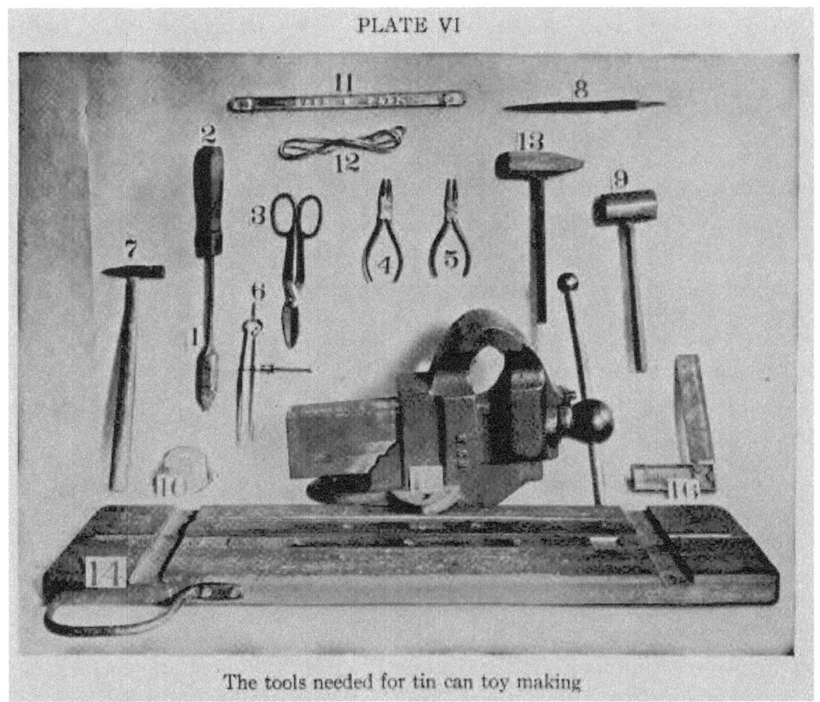

The tools needed for tin can toy making

Les outils nécessaires à la fabrication de jouets en boîte de conserve

Le poinçon de marquage peut être acheté dans n'importe quel bon atelier d'outillage ou quincaillerie, ou un pic à glace fera très bien l'affaire s'il est bien aiguisé afin qu'une ligne puisse être facilement grattée sur la surface de la boîte avec la pointe. Une grosse aiguille rigide peut être insérée dans le manche d'un stylo pour faire un excellent poinçon de marquage ou une aiguille à tricoter en acier ordinaire peut être utilisée si la pointe est suffisamment pointue. Les métallurgistes grattent toujours leurs lignes dimensionnelles sur la surface du métal, car les lignes au crayon sont facilement effacées par les mains lorsqu'ils travaillent avec le métal.

L'équerre d'essai doit mesurer environ six pouces de long au niveau de la lame ou du côté de mesure, et doit être entièrement construite en métal et la lame de mesure doit être marquée en pouces et en fractions. Les bons carrés d'essai peuvent fréquemment être achetés dans les magasins à 5 et 10 cents et ils sont assez précis pour cet objectif. Les séparateurs à ressort doivent mesurer environ 6 pouces de longueur. Ces séparateurs sont maintenus ouverts par le puissant ressort situé en haut et sont ouverts et fermés par un écrou agissant sur le filetage. N'achetez pas de séparateurs lourds ou de boussoles couramment utilisés par les menuisiers, car ils ne sont pas aussi capables de petits ajustements que les séparateurs à ressort. Les séparateurs à ressort peuvent parfois être trouvés dans les magasins à 5 et 10 cents et peuvent toujours être trouvés dans les bonnes quincailleries et ateliers d'outillage.

Tous les outils utilisés pour le tracé et le marquage de l'ouvrage sont clairement représentés (Planche VI).

Planification des travaux. — Il ne faut pas oublier qu'un peu de temps consacré à soigneusement mesurer, disposer et marquer l'ouvrage fera une grande différence dans l'aspect fini de cet ouvrage, de sorte que ces opérations simples ne doivent pas être négligées.

Le carré d'acier doit toujours être utilisé pour tracer des ouvrages rectangulaires : des lignes censées être à angle droit ou « carrées ». Un travail qui n'est pas soigneusement disposé ou qui n'est pas carré ne s'emboîtera pas parfaitement, voire pas du tout.

L'une des premières choses que l'on doit faire dans le travail de la boîte de conserve est de découper un morceau de boîte de conserve qui est retiré du côté de la boîte et aplati.

Supposons qu'un tel morceau de boîte de conserve ait été découpé dans une boîte de conserve et aplati, que les bords d'un tel morceau de boîte de conserve soient plutôt irréguliers et que le morceau entier doive être coupé d'équerre avant d'essayer d'utiliser la boîte de conserve à diverses fins.

Placez d'abord la règle aussi près que possible du bord supérieur de la boîte et de manière à ne pas inclure de coupes irrégulières. Maintenez fermement la règle et tracez la pointe du poinçon de marquage le long du bord de la règle jusqu'à ce qu'une ligne droite soit tracée le long du bord de la boîte. L'excédent d'étain au-dessus de cette ligne doit être coupé avec les cisailles à métal en coupant de droite à gauche de sorte que la bande d'étain étroite et déchiquetée soit enroulée à l'écart par les cisailles lors de la coupe . Lorsque le surplus d'étain est découpé, vous devriez disposer d'un bord droit et propre sur lequel commencer les opérations de marquage.

Utilisation du carré d'essai. — Ensuite, les deux extrémités du morceau de fer blanc doivent être équarries à l'aide de l'équerre d'essai pour égaliser les extrémités comme suit : Placez fermement la partie solide et lourde du carré contre le bord droit fraîchement coupé du fer blanc, près d'une extrémité dans de telle manière que la lame du carré avec les divisions en pouces marquées repose directement sur l'étain et aussi près que possible de l'extrémité de la pièce, mais sans inclure aucune des coupes dentelées. La position du carré est indiquée sur la Fig. 1 .

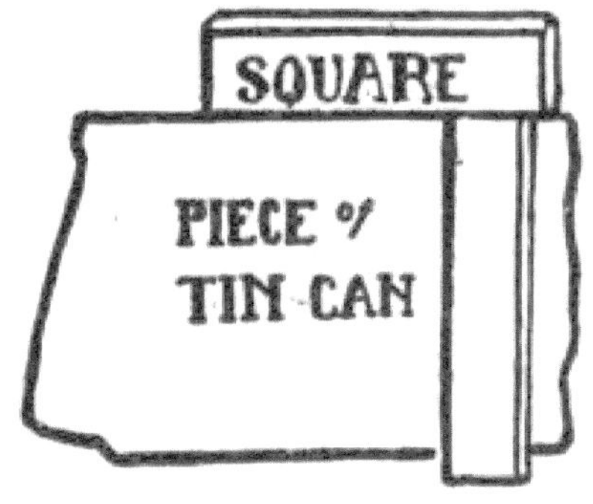

FIG. 1.

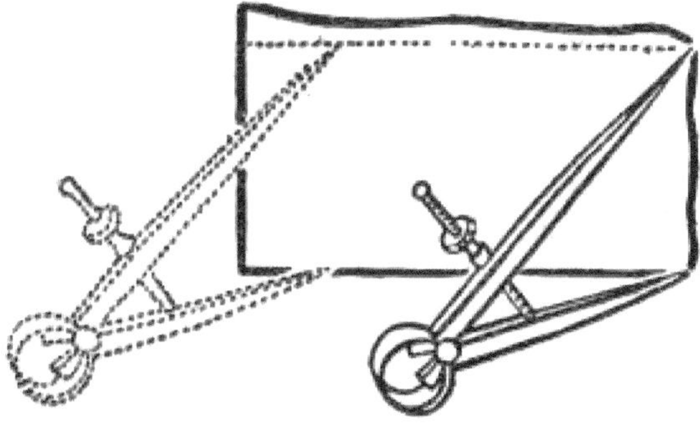

FIGURE 2.

Lorsque le carré est en place, tracez une ligne sur la boîte avec le poinçon tenu près de la lame. Coupez le surplus de boîte et vous avez deux côtés de votre morceau de boîte au carré. Procédez de la même manière pour couper l'autre extrémité. Le côté restant ou long de la pièce peut être équarri en utilisant la règle ou les séparateurs à ressort. La bande de fer blanc que vous avez quadrillée sur trois côtés sera probablement plus étroite à une extrémité qu'à l'autre. Mesurez la largeur de l'extrémité étroite avec la règle, puis mesurez cette même distance à l'extrémité opposée et marquez-la avec le poinçon à gratter. Utilisez la règle pour relier les deux points de mesure et tracez une ligne dans la boîte en traçant le poinçon à gratter le long du bord de la règle. Coupez le surplus de boîte et votre morceau de boîte devrait être carré.

Les séparateurs à ressort peuvent être ouverts de manière à ce que les pointes reposent exactement sur chaque coin de l'extrémité la plus étroite des bandes d'étain. Ensuite, les séparateurs sont déplacés vers l'extrémité opposée de la bande et l'extrémité inférieure ou la pointe des séparateurs est légèrement déplacée d'avant en arrière jusqu'à ce qu'une légère rayure soit faite sur la surface de la boîte pour indiquer le point de mesure. La position des séparateurs est illustrée sur la figure 2 . La règle sert à relier les deux points de mesure et une ligne tracée entre eux.

Les petites bandes d'étain peuvent être entièrement délimitées par les séparateurs en réglant les séparateurs à la dimension requise, en plaçant les séparateurs de manière à ce qu'un point repose contre un bord de la bande à délimiter, puis en tirant les séparateurs de manière à ce que la pointe des séparateurs qui repose sur la boîte grattera une ligne parallèle au bord. Le bord de la boîte contre lequel repose la pointe des intercalaires doit bien entendu être coupé droit avant de commencer les opérations de marquage. La bande ainsi délimitée peut être découpée et une autre délimitée de la même manière jusqu'à ce que le nombre de bandes requis soit coupé.

Supposons que quatre bandes doivent être coupées, chaque bande mesurant un pouce sur dix. Équerrez un morceau d'étain pour mesurer quatre pouces sur dix. Ouvrez les séparateurs de manière à ce que les points soient exactement espacés d'un pouce. Posez un point des séparateurs contre un bord de la boîte comme indiqué sur la figure 2 et tracez-le sur toute la longueur de la boîte de manière à tracer une ligne parallèle au bord. Découpez cette bande en prenant soin de faire une coupe droite puis marquez une autre bande et coupez-la, et ainsi de suite jusqu'à ce que les quatre bandes soient coupées. Cette méthode d'utilisation des séparateurs pour le marquage est plus précise et beaucoup plus simple que celle consistant à utiliser une règle pour mesurer chaque bande, et certainement plus rapide.

Trouver les centres des roues avec les séparateurs. — Lors de la fabrication de roues à partir de boîtes de conserve, il faut utiliser une méthode simple pour trouver le centre de la roue afin de percer ou de percer un trou pour l'essieu afin que l'essieu puisse être placé aussi près que possible du centre de la roue, et afin que la roue tourne correctement une fois placée sur l'essieu.

Les diviseurs peuvent être utilisés pour cette opération qui est très simple. La boîte est d'abord transformée en forme de roue comme décrit au chapitre X, page 108 . Lorsque la roue est soudée, posez-la à plat sur le banc. Ouvrir les séparateurs de manière à ce qu'un point repose contre la jante de la roue ou contre le bord roulé de la canette formant la jante de la roue. Si la roue est constituée d'une canette qui a un capuchon soudé à chaque extrémité et que ce capuchon forme l'extrémité de la canette (comme les petites canettes utilisées pour le lait évaporé), alors l'un des pieds des séparateurs peut reposer dans la légère ligne ou dépression juste à l'intérieur du bord que l'on retrouve invariablement dans cette boîte. Ouvrez les séparateurs de manière à ce que l'autre point soit aussi près du centre que vous pouvez le deviner. Lorsque les séparateurs sont réglés aux dimensions et sont en position sur la roue comme indiqué sur la Fig. 3 , déplacez ensuite légèrement la pointe des séparateurs qui se trouve près du centre de la roue d'avant en arrière pour qu'elle décrive un léger arc et la raye. dans la surface de la boîte et l'autre point du diviseur est maintenu au point proche de la jante de la roue pendant cette opération. Déplacez ensuite les séparateurs directement sur la roue toujours réglée à la même dimension, en plaçant un point contre la jante ou dans la ligne déprimée et en décrivant un léger arc dans la boîte comme auparavant. Placez les séparateurs perpendiculairement aux deux premiers points de marquage en gardant les séparateurs toujours ouverts à la même dimension qu'au début et décrivez un autre arc. Placez les séparateurs directement en face de ce point et décrivez un autre arc. La roue devrait alors ressembler à la figure 4 , les quatre arcs formant une sorte de forme d'oreiller comme illustré. Tracez des lignes diamétralement opposées reliant chaque coin de l'oreiller comme indiqué et là où ces lignes se croisent se trouve le centre de la roue.

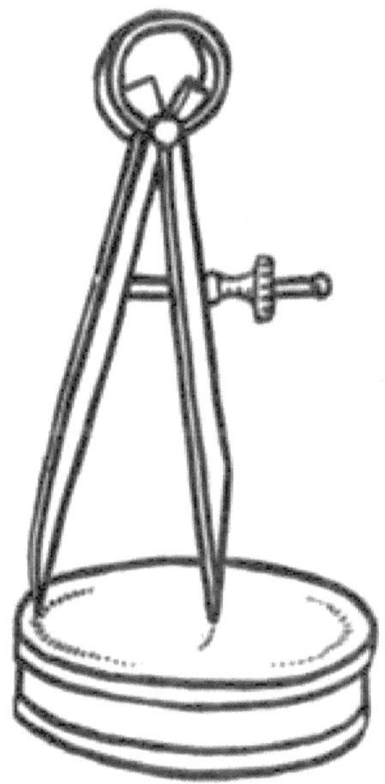

FIGURE 3.

Si l'on a la chance de posséder un outil appelé jauge de surface, il s'avérera très pratique pour marquer ou tracer des lignes parallèles à la base des boîtes de conserve. Cet outil est constitué d'une base en métal dans laquelle est fixé un poteau vertical également en métal. Un traceur ou une aiguille réglable est fixé à ce poteau afin qu'il puisse être abaissé ou relevé et mis en position selon vos souhaits. La pointe est ajustée à la hauteur requise et placée contre le côté de la boîte ou de la surface à marquer, l'opération étant réalisée sur une surface plane. La boîte est simplement tournée contre la pointe fixe jusqu'à ce qu'elle soit entièrement marquée. L'avantage du calibre de surface par rapport aux diviseurs pour cette opération est que la pointe du traceur est maintenue rigidement à une dimension fixe au-dessus de la base de la boîte tandis que les diviseurs doivent être fermement maintenus en place à la main. Cependant, les diviseurs feront très bien l'affaire pour cette opération après un peu de pratique.

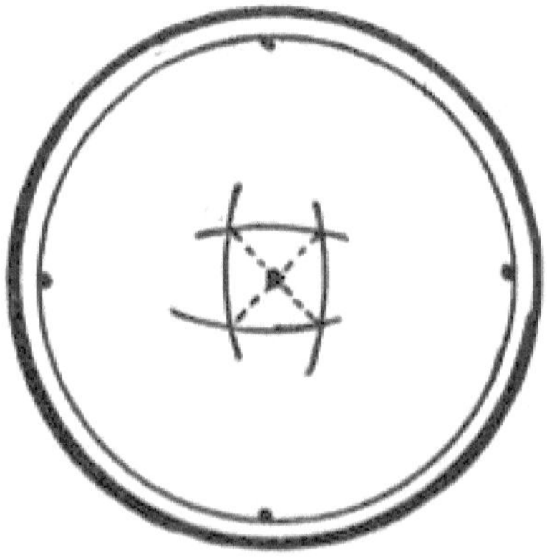

FIGURE 4.

APPAREILS D'ATELIER

Substituts faits maison pour des outils coûteux. — L'outil de première importance dans tout atelier de travail des métaux est un bon étau. Il n'y a pas de substitut à cet outil et un bon outil mesurant trois ou trois pouces et demi de diamètre des mâchoires doit être acheté auprès d'un revendeur d'outils fiable. Le prochain outil important est une forme d'enclume ou d'enclumes pour aplatir ou arrondir l'étain. Une petite enclume d'établi peut être achetée auprès du revendeur d'outils. Celles-ci ressemblent beaucoup à une enclume de forgeron avec une face plate et une corne conique et sont faites de fer et d'acier. Les grandes maisons de vente par correspondance proposent diverses petites enclumes en fonte destinées à l'usage agricole et celles-ci sont excellentes pour les ferblantiers.

D'excellents substituts à ces enclumes sont facilement fabriqués à partir de vieux fers plats et de morceaux de conduites de gaz ou d'eau. De courtes longueurs de barres de fer et d'acier peuvent être ramassées autour de n'importe quel tas de ferraille, et elles sont très utiles pour former l'étain.

L' enclume en fer plat. — Un vieux fer plat, du genre avec le manche attaché, peut être trouvé dans presque tous les ménages. La poignée doit être cassée aussi près que possible du haut du fer. Utilisez pour cela un marteau et un ciseau à froid et coupez profondément les extrémités du manche tout autour, là où elles rejoignent le fer. Lorsqu'ils sont profondément entaillés, plusieurs coups secs d'un gros marteau devraient briser le manche.

Limez toutes les aspérités jusqu'à ce que le fer soit au niveau de la face lisse ou à repasser vers le haut. Vous disposez alors d'une excellente surface plane et dure pour redresser l'étain ou le fil.

pour tuyaux et barres . — De courtes longueurs de tuyaux en fer, des barres rondes et carrées en fer et en acier de différents diamètres peuvent être maintenues dans les mâchoires de l'étau et utilisées pour former l'ouvrage. De gros clous métalliques peuvent également être utilisés à cette fin.

Les plus petites tailles, telles que ¼, ⅜ ou ½ pouce de diamètre, doivent être des barres de fer ou d'acier solides de 8 ou 10 pouces de longueur, car les petits tuyaux s'écrasent et se plient assez facilement dans l'étau. Les plus grandes tailles, telles que ¾, ½, 1 ou 2 pouces de diamètre, sont mieux fabriquées en tuyaux car elles sont plus légères, plus faciles à manipuler et également plus faciles à obtenir.

Obtenez toutes les tailles suggérées si possible et autant de morceaux courts de barres carrées ou plates que vous trouvez pratiques à ranger dans le magasin. Ils seront très utiles pour des opérations de pliage ou de formage. La méthode pour les maintenir dans l'étau est clairement illustrée à la page 89, fig. 26 .

Si vous disposez de beaucoup d'espace sur le banc et que vous êtes à l'aise avec les outils, plusieurs des tailles de tuyaux et de barres les plus utilisées peuvent être fixées ou boulonnées directement au banc avec des bandes de maintien en bois ou en métal. Les plus grandes tailles, telles que ¾, 1, 1½, 2 et 3 pouces de diamètre, seront très pratiques si elles sont fixées au banc de cette manière.

Le banc. — Le banc d'atelier doit mesurer environ 31 pouces de hauteur. Le dessus du banc doit mesurer environ 2½ pieds sur 6 pieds ou plus si possible, et peut facilement être construit par toute personne familiarisée avec les outils. Le dessus doit être en érable d'environ 1½ pouces d'épaisseur. Si l'on ne peut pas se permettre ce banc, une table de cuisine commune constitue un excellent substitut. Une bonne table solide de ce type peut être achetée dans n'importe quel magasin d'ameublement. Ces tables sont munies d'un grand tiroir dans lequel peuvent être rangés de petits outils.

Si une grande partie du travail de ferblanterie est effectuée, il s'avérera avantageux de construire des étagères ou des supports en bois clair autour des murs du magasin pour stocker les boîtes de différentes tailles, là où elles peuvent être facilement vues et accessibles.

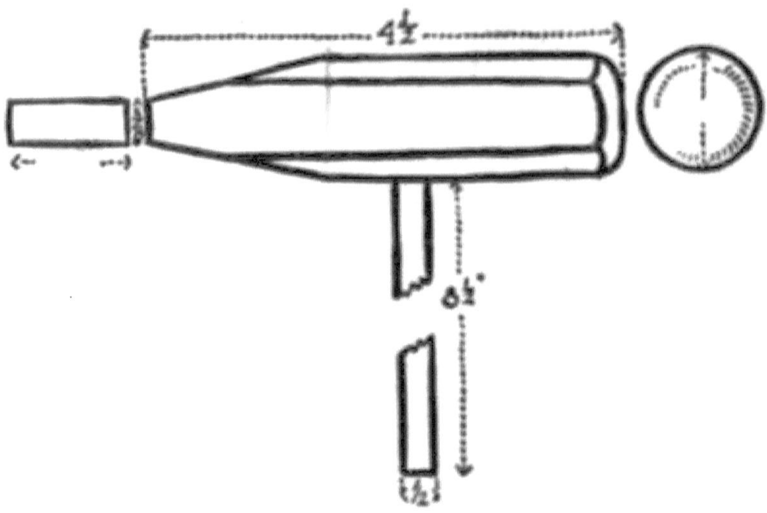

FIGURE 5.

Le maillet de formage. — Il faudra fabriquer le maillet de formage spécial conçu par l'auteur. Il a été conçu spécialement pour travailler avec les boîtes de conserve. Il est très simple et facilement réalisé en érable par n'importe quel menuisier. Une extrémité est en forme de dôme légèrement arrondi et l'autre a la forme d'un coin émoussé. Les dimensions et la forme générale du maillet sont représentées sur la Fig. 5 . La poignée peut être constituée d'un morceau de tige de goujon de ½ pouce. Un substitut à ce maillet peut être constitué d'un morceau de manche à balai dont l'extrémité est déjà arrondie à peu près à la courbe appropriée. Mesurez 4½ pouces de l'extrémité arrondie du manche à balai et sciez-le. Percez un trou de ½ pouce au centre de la pièce pour y insérer le morceau de tige de cheville utilisé pour la poignée. Réduisez l'extrémité en forme de coin émoussé en la laissant environ ⅜ de pouce d'épaisseur à l'extrémité. L'extrémité arrondie peut être laissée telle quelle.

Un morceau de cheville en érable de ½ pouce peut être récupéré dans n'importe quel atelier de menuiserie. Cela devrait mesurer 8½ pouces de long. Il doit être enfoncé dans le trou percé à cet effet dans le maillet, en prenant soin de ne pas fendre le maillet. Si le manche du balai a un diamètre plutôt petit, il serait probablement préférable d'utiliser un morceau de ⁷/₁₆ ou un goujon de ⅜ pouce pour le manche. Un petit clou ou une attache parisienne peut être enfoncé dans le maillet et le manche pour le maintenir en place.

CHAPITRE III
Fabriquer un emporte-pièce à partir d'une petite boîte de conserve

DÉCOUPE DE LA BOÎTE POUR COUPE-BISCUIT - PERFORATION D'UN TROU DANS LA BOÎTE - FORMATION DU POIGNÉE - PLIAGE - RÉALISATION D'UNE CUILLÈRE À SUCRE PAR LA MÊME MÉTHODE

Un emporte-pièce est à peu près la chose la plus simple qui puisse être fabriquée à partir d'une boîte de conserve. C'est une excellente chose pour commencer car elle est si simple et implique trois opérations très essentielles dans le fonctionnement de la boîte de conserve : la découpe de la boîte sur mesure, la formation de l'anse et enfin la soudure (voir planche VII, a).

Sélectionnez une bonne boîte de conserve brillante et propre d'environ 2½ pouces de diamètre ; une boîte de levure chimique ou une petite boîte de soupe fera l'affaire.

Les boîtes de conserve sont généralement constituées de deux manières. Une méthode consiste à souder les extrémités à brides, telles que les boîtes de lait concentré ou évaporé, et l'autre méthode consiste à enrouler les bords de la boîte ensemble à chaque extrémité, sans soudure. Lorsqu'on y regarde de plus près, les deux types de canettes se distinguent facilement. Une boîte à rebord roulé doit être utilisée pour le coupe-biscuits car elle est plus solide que la boîte avec les extrémités soudées.

PLAQUE VII

Biscuit cutters made by the author

Soldering

Emporte-pièces réalisés par l'auteur

Soudure

Couper la boîte à la taille voulue pour un emporte-pièce . — Le coupe-biscuits doit avoir environ ¾ de pouce de profondeur au niveau du bord tranchant. Réglez les séparateurs à cette dimension et tracez une ligne autour de la boîte parallèlement à la base et à ¾ de pouce au-dessus du bord roulé

du fond. Cette opération de traçage simple est décrite au chapitre I, page 22
.

La méthode de découpe dans la boîte et autour de la ligne tracée est très simple et est également décrite au chapitre I .

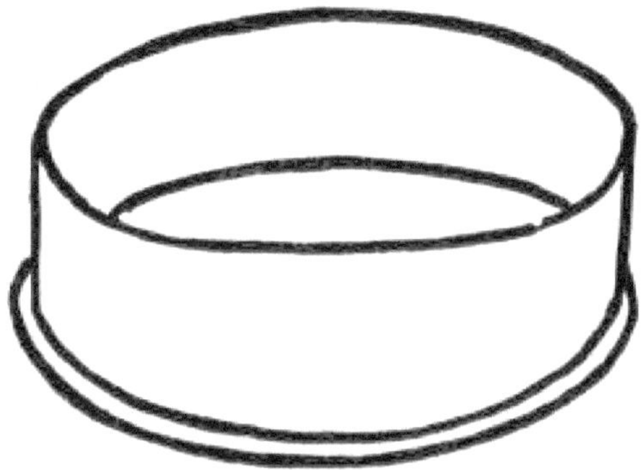

FIGURE 6.

Lorsque vous avez coupé la boîte à la dimension requise, elle devrait apparaître comme indiqué sur la Fig. 6 . L'emporte-pièce peut être légèrement déformé après l'opération de découpe, mais cela peut être facilement résolu en plaçant l'emporte-pièce sur une petite enclume ronde maintenue dans l'étau et en tapotant doucement dessus avec un maillet plat en bois, en tournant lentement l'emporte-pièce. sur l'enclume pendant le martelage comme le montre la Fig. 7 . Assurez-vous de faire tourner lentement l'emporte-pièce autour de l'enclume pendant qu'il est martelé avec le maillet. Il deviendra vite rond si on le martele doucement.

Prenez ensuite une petite lime plate, à dents très fines, généralement appelée lime lisse, et lissez ainsi les aspérités laissées par les cisailles à métal sur le bord de l'emporte-pièce. La méthode d'utilisation du fichier est illustrée à la Fig. 8 . Il doit être tenu légèrement contre l'œuvre lors du classement. (N'essayez jamais de limer un morceau d'étain avec une lime grosse ou grossièrement dentée, car les dents grossières s'accrocheraient à l'étain et le déchireraient ou le déformeraient.)

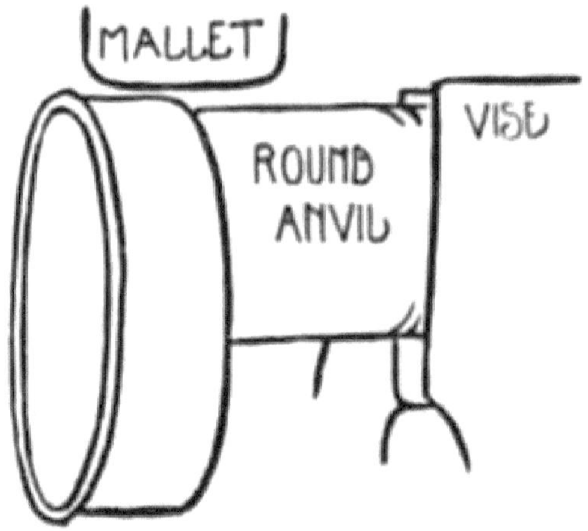

FIGURE 7.

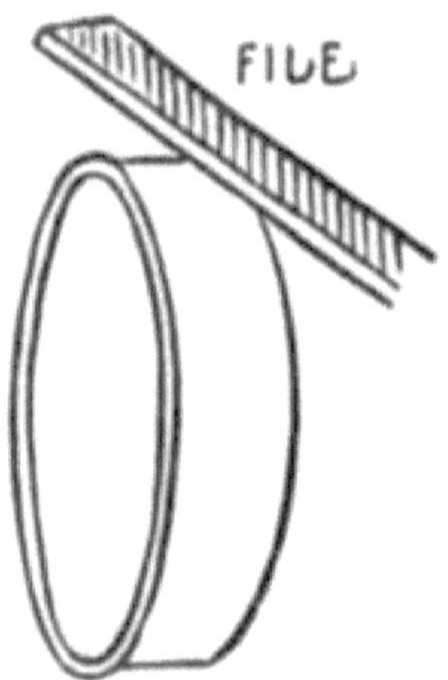

FIGURE 8.

N'essayez pas de limer le bord du couteau jusqu'au bord fin d'un couteau ; limez simplement le métal soulevé par les cisailles lors de la coupe. S'il est proprement coupé et limé selon l'épaisseur originale du moule, il coupera très bien la pâte à biscuits, car le moule est fin.

Percer un trou dans de l'étain. — Un trou doit être percé dans le haut de l'emporte-pièce pour laisser passer l'air, car la pâte à biscuit a tendance à coller dans l'emporte-pièce à cause du vide formé, à moins qu'une bouche d'aération ne soit prévue. Un petit trou d'environ ⅛ de pouce de diamètre fera l'affaire, mais une série de tels trous peut être percé si vous le souhaitez.

Un poinçon peut être limé à partir d'un clou métallique ou un poinçon ou un jeu de clous ordinaire peut être utilisé.

Le coupe-biscuits est placé sur l'extrémité d'un bloc de bois maintenu dans un étau comme le montre la figure 9 , de telle manière que le dessus du coupe-biscuits repose directement sur le bois. Le poinçon est placé au centre du coupeur en prenant soin que le bloc de bois supporte l'étain directement sous le poinçon, puis le poinçon est frappé légèrement avec le marteau jusqu'à ce qu'il traverse l'étain.

Il serait peut-être bon d'essayer le poinçon sur un morceau de fer blanc pour le tester. Un trou rond propre devrait en résulter. Le poinçon découpe un petit disque d'étain et l'enfonce dans le bois. Le fil final d'un bloc de bois doit toujours être utilisé pour le poinçonnage.

Si un clou est utilisé pour un poinçon, la pointe originale doit être limée. Les pointes de clous ont généralement la forme d'une pyramide carrée et si ces pointes sont enfoncées dans un morceau d'étain, un trou dentelé en résultera ; un tel trou peut être utilisé pour fabriquer une râpe pour la cuisine, mais tous les autres trous doivent être ronds et lisses.

Pour limer un clou destiné à un poinçon, procédez comme suit : Placez le clou verticalement dans les mors de l'étau de manière à ce que la pointe dépasse légèrement au-dessus des mors. Limez entièrement la pointe jusqu'à ce que vous limiez tout le diamètre de l'ongle et carrément à travers celui-ci.

Réduisez ensuite le diamètre du clou à l'extrémité que vous avez limé en limant doucement autour de lui comme indiqué en *A* , Fig. 10 . Assurez-vous que le bord *B* est propre et tranchant et que le coupe-ongles est prêt à l'emploi. Le clou utilisé pour un poinçon doit toujours avoir un diamètre un peu plus grand que le point de poinçonnage, car cela fournira un poinçon plus fort et moins susceptible de se plier. Les coups de poing ordinaires sont généralement beaucoup plus épais dans le corps qu'au niveau dc la pointc, comme on peut facilement le constater en en regardant un. Si vous le souhaitez, des poinçons peuvent facilement être fabriqués à partir de clous pour découper des trous ronds, carrés ou triangulaires.

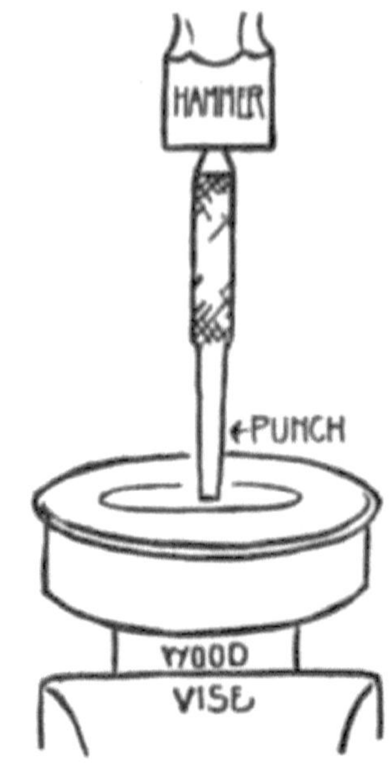

FIGURE 9.

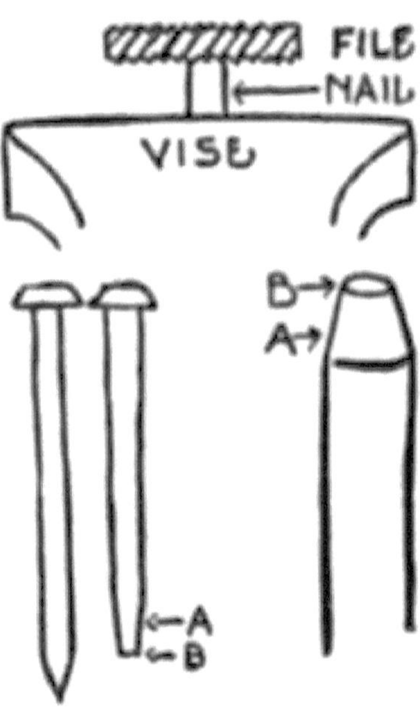

FIGURE 10.

Il est préférable d'acheter un ou plusieurs poinçons ordinaires pour percer des trous ronds, car ils peuvent être achetés pour 10 ou 15 cents dans presque toutes les quincailleries ou dans les magasins à 5 et 10 cents. Plusieurs tailles différentes s'avéreront utiles, ¹⁄₁₆ , ¹⁄₈ , ³⁄₁₆ pouces de diamètre étant les tailles les plus utilisées. Comme ces poinçons sont en acier trempé, ils conservent leurs bords pendant longtemps, mais les clous sont faits d'un acier assez doux et lorsqu'ils sont utilisés comme poinçons, ils doivent être fréquemment limés bien aiguisés.

Former la poignée. — Une fois le trou percé dans le haut de l'emporte-pièce, il faut ensuite fabriquer une poignée appropriée. Cette poignée peut être fabriquée à partir du morceau de fer blanc découpé lors de la découpe de la boîte pour l'emporte-pièce. Coupez tous les bords rugueux ou irréguliers, puis placez ce morceau d'étain sur le banc ou sur une surface plane d'enclume et aplatissez-le avec de légers coups de maillet. Des coups violents avec un maillet endommageront l'étain.

Coupez tous les bords rugueux, y compris le bord roulé en haut, et équarrissez le morceau de fer blanc comme décrit à la page 34, chapitre II . Marquez une bande d'étain de 1¼ pouces de largeur et 4 pouces de longueur. Découpez cette bande et assurez-vous qu'elle est carrée aux extrémités. Ouvrez les séparateurs, placez les points de séparation à ¼ de pouce l'un de l'autre et tracez une ligne à ¼ de pouce à l'intérieur de chacun des côtés longs de la bande. Les bords de la bande d'étain ainsi délimités doivent être retournés ou repliés afin que les bords du manche soient renforcés et ne coupent pas la main. Ces bords peuvent être repliés avec un maillet ou à l'aide d'une plieuse. Le maillet doit être utilisé pour cette première opération de pliage ; la plieuse et son utilisation seront décrites plus loin dans l'ouvrage, page 120, chapitre XI .

Pour replier les bords avec le maillet, procédez comme suit : Fixez un bloc de bois dur, de préférence en érable, le bloc doit mesurer environ 3 pouces carrés et 6 pouces de longueur. Assurez-vous que le bloc est coupé proprement et d'équerre afin que les bords à l'extrémité soient tranchants et à angle droit. Un bloc d'érable de ce type peut généralement être récupéré dans n'importe quel parc à bois ou atelier de menuiserie, ou une bûche d'érable peut être retirée du tas de bois et coupée en équerre. Une extrémité du bloc peut être utilisée pour perforer.

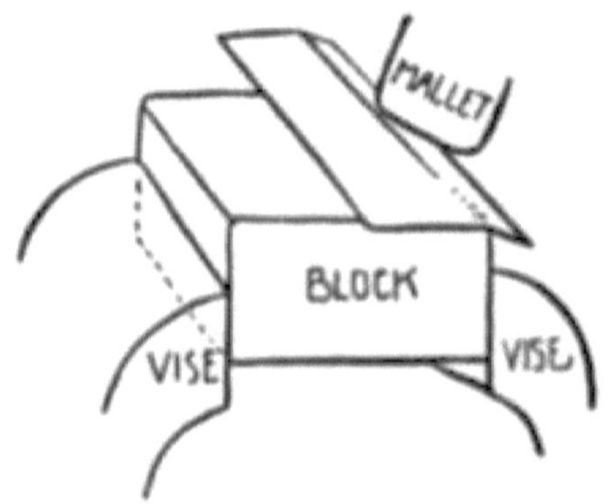

FIGURE 11a . _

FIGURE 11b . _

Le bloc est maintenu dans l'étau comme illustré sur la figure 11 et la boîte à plier est maintenue sur le bloc de telle manière que la ligne marquant le pli se trouve au-dessus du bord du bloc. Utilisez soit un maillet en bois léger, soit le maillet de formage spécial, et avec de légers coups, penchez-vous vers le bas jusqu'au bord et jusqu'à la ligne comme illustré sur la Fig. 11 , *a* . Commencez par une extrémité et travaillez le long de la ligne jusqu'à l'autre extrémité de la bande d'étain. N'essayez pas de retourner le moule à angle droit d'un coup ou à un endroit, puis de le baisser à un autre endroit, mais plutôt de marteler légèrement sur toute la longueur au niveau de la ligne de marquage, en tournant le moule légèrement en biais par rapport à la ligne jusqu'au bord, puis en revenant et en commençant à marteler là où vous avez commencé, en tournant la boîte à un angle plus grand et ainsi de suite jusqu'à ce que vous ayez tourné le bord à angle droit comme indiqué sur la Fig. 11 , *b* . Pliez toujours l'étain très doucement et uniformément, sans jamais forcer violemment pour le mettre en place.

FIGURE 12.

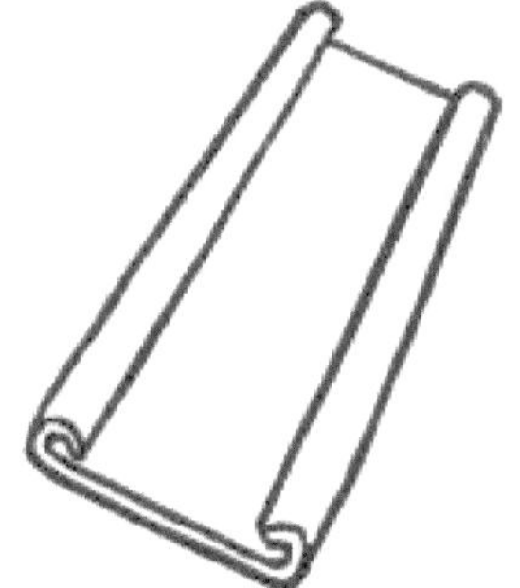

FIGURE 13.

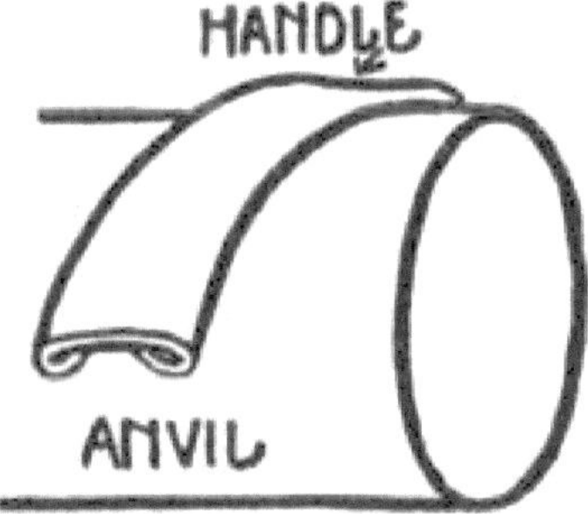

FIGURE 14.

Retournez la bande de fer blanc sur le bloc de manière à ce que la partie qui vient d'être pliée se trouve verticalement au bord du bloc comme indiqué sur la Fig. 12 . Martelez doucement le bord de la boîte pour qu'elle se replie sur elle-même comme indiqué par la ligne pointillée sur la Fig. 12 .

Ne martelez pas la boîte avec force sur le bord plié afin qu'elle devienne fine et tranchante bien que doublée. Il doit être arrondi de manière à donner un bord arrondi. Un pli arrondi est beaucoup plus résistant qu'un pli pointu et fin. Lorsqu'un bord est complètement replié, rabattez l'autre de la même manière, de manière à ce que les deux bords du manche du coupe-biscuits apparaissent comme sur la Fig. 13 .

FIGURE 15.

Lorsque vous avez réussi à retourner ou replier les bords à votre satisfaction, donnez à l'ensemble de la poignée une forme semi-circulaire.

Placez un grand maillet rond en bois ou un morceau de tuyau de 1½ ou 2 pouces dans l'étau pour l'utiliser comme forme sur laquelle arrondir le manche. La partie pliée doit se trouver à l'intérieur ou à côté du maillet ou du tube illustré à la Fig. 14 . Pressez le moule jusqu'au moule avec la paume de la main de manière à l'arrondir ; il peut être complètement façonné par cette méthode ou l'extrémité arrondie du maillet de formage spécial peut être utilisée pour lui donner forme si l'étain devait se plier pendant le pliage. Les coups de maillet doivent être dirigés vers le centre de la bande afin de ne pas trop amincir les bords.

Arrondissez la poignée jusqu'à ce que les extrémités reposent à l'intérieur du bord roulé de la boîte de conserve ou du coupe-biscuits et que vous soyez prêt à souder la poignée en place.

La soudure étant la partie la plus importante du travail de l'étain, les deux chapitres suivants lui sont consacrés.

La cuillère à sucre. —Une cuillère à sucre ou à farine utile peut être facilement fabriquée à partir d'une petite ou grande boîte exactement de la même manière que le coupe-biscuit, sauf que la boîte est coupée en biais au lieu d'être carrée, fig. 15 . Les bords de la cuillère ne doivent pas être retournés ou pliés, mais doivent être laissés tels que coupés de manière à former un bord tranchant qui pénétrera facilement dans le sucre ou la farine. Le manche a exactement la même forme que celui du coupe-biscuit.

CHAPITRE IV
SOUDURE

SOUDURE DOUCE—FEUILLE D'ÉTAIN—LE PROCESSUS DE SOUDURE—APPAREIL DE CHAUFFAGE—CUIVRES À SOUDER ÉLECTRIQUES—LE CUIVRE À SOUDER COMMUN—FLUX—ÉTAMAGE DU CUIVRE—CHAUFFAGE

tendre . — Lorsque deux ou plusieurs pièces de métal sont assemblées avec un ciment métallique, on dit qu'elles sont soudées.

Les feuilles d'étain à partir desquelles sont fabriquées les boîtes de conserve sont toujours soudées avec de la brasure tendre, un mélange de plomb et d'étain, généralement à 50 pour cent. plomb et 50 pour cent. étain.

Cette soudure est généralement fournie sous forme de fil ou de barre dans n'importe quel magasin de quincaillerie ou de fourniture électrique.

Le cuivre, le laiton, le bronze, le fer, l'argent, l'or et pratiquement tous les métaux à l'exception de l'aluminium peuvent être soudés avec de la brasure tendre.

Feuille d'étain. — La feuille d'étain, appelée ainsi, est en réalité constituée d'une fine feuille de fer recouverte d'étain sur les deux faces. Cette couche d'étain sert à plusieurs fins. Il permet à la soudure d'adhérer facilement ; cela empêche le fer de rouiller ; et lorsque la feuille d'étain est transformée en boîte, le revêtement d'étain protège le contenu de la boîte de l'action chimique sur le fer.

Le processus de soudure. — La brasure tendre est appliquée sur le métal à souder à l'état fondu et cette opération nécessite une chaleur considérable. Lorsque la chaleur est appliquée au métal, elle oxyde généralement ce métal ; c'est-à-dire, le salit.

La soudure n'adhère pas au métal oxydé. Le métal doit être protégé par un revêtement appelé flux lors du soudage. La pâte à souder, le liquide à souder ou « acide tué », la résine, la paraffine, les huiles lourdes et la vaseline servent tous de fondants, certains meilleurs que d'autres. La pâte à souder est de loin la meilleure, comme nous le montrerons plus tard.

La soudure tendre est appliquée sur l'étain, sur la pointe d'un cuivre à souder chaud, souvent appelé à tort « fer à souder ». Un cuivre à souder consiste en une barre pointue de cuivre convenablement fixée à une tige de fer qui est fermement fixée dans un manche en bois. La pointe du cuivre doit être bien recouverte de soudure ou « étamée », de sorte que lorsqu'elle est chauffée, elle ramasse la soudure et la transporte jusqu'au joint à souder.

Le cuivre chaud, chargé de soudure, passe lentement le long du joint et, à mesure que l'étain à souder reçoit suffisamment de chaleur du cuivre, la soudure quitte le cuivre et adhère à l'étain, l'unissant fermement.

de chauffage . — Une certaine forme d'appareil de chauffage est nécessaire pour chauffer et maintenir le cuivre à souder au point de fusion ou d'écoulement de la soudure. Le cuivre peut être chauffé dans un four à gaz spécialement conçu pour le brasage du cuivre, ou sur un brûleur de cuisinière à gaz ordinaire ou un poêle à mazout à flamme bleue ordinaire, ou un feu de charbon de bois, un feu de bois réduit en braise, ou un chalumeau à essence de plombier. mais jamais dans un feu de charbon. Le charbon contient trop de soufre , ce qui oxyde le cuivre et le rend inutile pour le soudage.

Le poêle à mazout à flamme bleue. — Pour chauffer les cuivres de mon magasin de campagne, j'utilise un poêle à mazout à flamme bleue, un des moins chers, avec la mèche annulaire en amiante et les courtes cheminées amovibles. Le poêle a deux brûleurs et chauffera de quatre à six cuivres à la fois. Les flammes peuvent être bien réglées afin de donner juste la quantité de chaleur requise et ce poêle consomme très peu de kérosène et coûte donc peu cher à faire fonctionner. Sur la figure 16 , on remarquera qu'il y a une hotte incurvée au-dessus de chaque trou du poêle. Ces capots peuvent être facilement fabriqués à partir d'une partie d'une grande boîte de conserve ou d'un morceau de fer blanc ou de tôle plié en forme. Ces hottes conservent la chaleur et la diffusent sur les cuivres. Je place également un morceau de grillage épais sur la grille des trous du poêle pour soutenir les cuivres et permettre leur mise de côté, à l'abri de la chaleur intense, lorsqu'ils ne sont pas immédiatement nécessaires.

Le poêle à mazout à flamme bleue constitue le dispositif le plus satisfaisant pour chauffer les cuivres que j'ai jamais utilisé dans le pays. Ces poêles sont faciles à entretenir et sont compris par presque tout le monde. Les instructions doivent être affichées à côté du poêle et soigneusement suivies, notamment en ce qui concerne le nettoyage des brûleurs une à deux fois par saison.

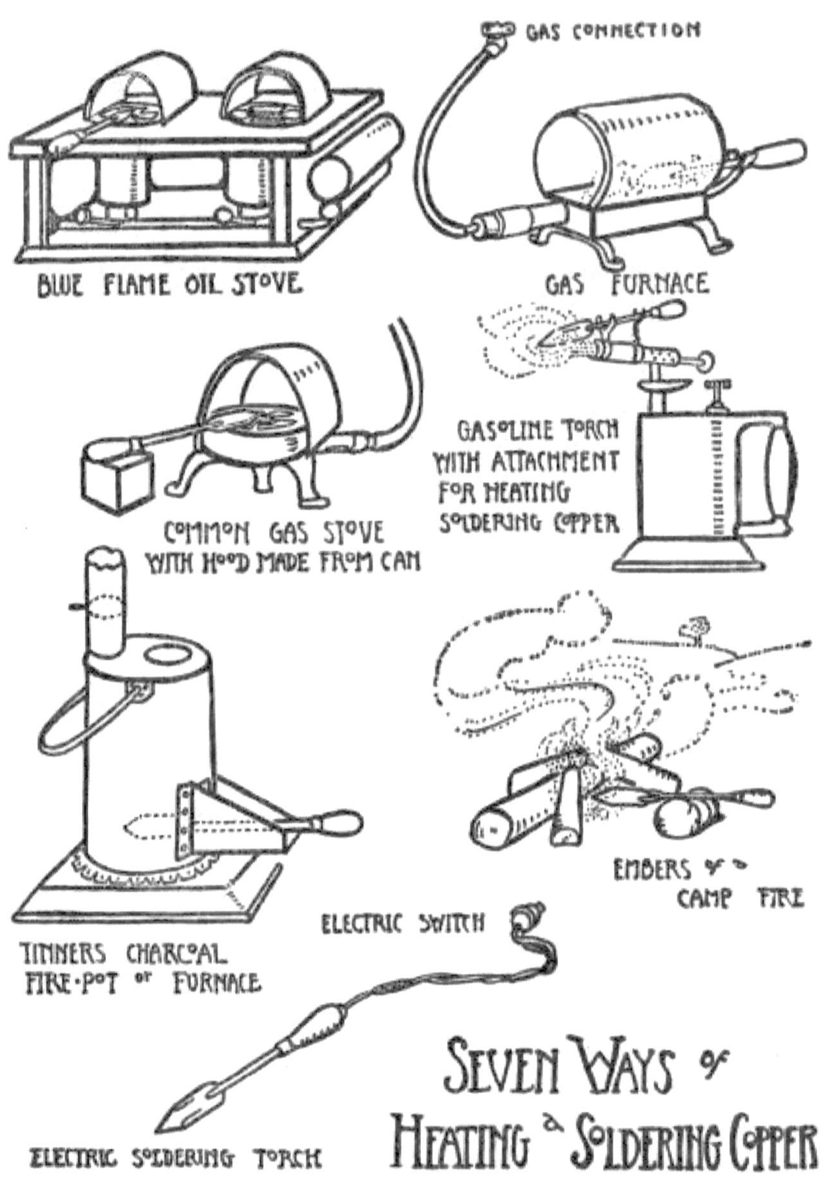

FIGURE 16.

La torche à essence. — Le chalumeau à essence des plombiers est souvent utilisé par les métallurgistes expérimentés pour chauffer les cuivres. Entre des mains inexpérimentées, cette torche est plutôt une affaire dangereuse. Un seul cuivre peut être chauffé à la fois et il est difficile de ne pas surchauffer le cuivre dans la flamme féroce et rugissante. Le coût de la torche et le coût de son fonctionnement sont tous deux supérieurs à ceux du poêle au kérosène à flamme bleue. Cependant, entre des mains expérimentées, il est suffisamment sûr et très utile pour le magasin. En utilisant une telle torche, les instructions doivent être suivies avec le plus grand soin ; tous les joints, ouvertures de remplissage, etc. doivent être hermétiques lors du fonctionnement, sinon un incendie ou une explosion désastreux pourrait en résulter. La petite ouverture du jet dans le brûleur doit rester propre.

La fournaise à gaz. — Dans mon magasin d'hiver en ville où le gaz est disponible, j'utilise la fournaise à gaz illustrée à la Fig. 16 . Il s'agit d'un appareil de chauffage très satisfaisant et largement utilisé pour souder les cuivres, car il donne une flamme bleue intense qui peut être facilement régulée.

Lors de l'utilisation d'un radiateur de ce type, il faut s'assurer qu'il est correctement allumé, sinon une flamme jaune et fumée en résultera. Pour produire une flamme bleue, l'air doit être mélangé au gaz ; tout comme dans un bec Bunsen ou une cuisinière à gaz ordinaire, d'ailleurs. Le gaz est admis dans le four par une petite buse située à l'extrémité du conduit mélangeur, près du raccord du tuyau en caoutchouc. L'air est admis dans la fente située sous la buse de gaz ; un coulisseau mobile entoure le conduit de mélange au-dessus de la fente pour contrôler la quantité d'air admise. Cette glissière doit être bien fermée sur la bouche d'aération lorsque le gaz est allumé pour la première fois.

Pour allumer le radiateur, fermez hermétiquement l'entrée d'air, allumez le gaz à fond et appliquez une allumette allumée sur le brûleur. Une flamme jaune en résultera. Ouvrez maintenant la bouche d'aération lentement, en poussant légèrement la glissière vers l'avant. La flamme passera du jaune au bleu et au violet à mesure que l'air entre. Lorsque la flamme est bleue, elle dégage le plus de chaleur et est dans les meilleures conditions pour chauffer le cuivre.

Si la flamme se déclenche et allume le gaz au niveau de la buse en laiton au-dessus de l'entrée d'air, le gaz doit être coupé jusqu'à ce que la flamme disparaisse. L'entrée d'air est ensuite fermée, le gaz allumé et allumé, puis l'entrée d'air est ouverte lentement jusqu'à ce que la flamme devienne bleue. Lorsque le four est utilisé, il convient de le vérifier de temps en temps pour s'assurer que la flamme n'est pas revenue vers la buse. Une fois éclairé de manière satisfaisante, le radiateur peut être augmenté ou diminué selon les besoins. Si la flamme est très basse, il faudra peut-être fermer un peu l'entrée d'air pour empêcher la flamme de se retourner. Le cuivre est posé sur le reste prévu à cet effet au dessus de la flamme. Une fois le cuivre chauffé jusqu'au point d'écoulement de la soudure, la flamme peut être baissée ou le cuivre placé d'un côté de la flamme, afin qu'il ne devienne pas trop chaud.

de charbon et de bois . — Lors de l'utilisation d'un feu de charbon de bois ou de bois, le cuivre doit être placé en bas, parmi les braises. Les petits fours à charbon utilisés pour chauffer les cuivres à souder peuvent être achetés chez le revendeur de fournitures de plomberie. Le charbon de bois ne doit pas être brûlé dans une pièce fermée car les vapeurs sont mortelles à moins de laisser suffisamment d'air en constante évolution. Ces fourneaux peuvent être reliés à une cheminée ou brûlés dans une pièce dont les fenêtres sont ouvertes, sans danger.

Un cuivre à souder peut être chauffé dans les braises incandescentes d'un feu de camp ou dans les braises d'une cheminée.

à souder électriques . — Le cuivre chauffé électriquement est idéal pour le soudage car le serpentin chauffant est enfermé dans le cuivre lui-même, le fil passant par la poignée et se connectant à une prise de lumière électrique ordinaire. La chaleur est maintenue à un degré approprié pour faire fondre la soudure ; c'est donc un équipement idéal pour ceux qui peuvent se le permettre et où le courant électrique est disponible. Les médecins de certains hôpitaux ont recommandé des cuivres électriques à l'usage des malades pour fabriquer des jouets en boîte de conserve.

Un cuivre à souder électrique coûte actuellement environ 7,50 $.

Le cuivre à souder commun . — Un cuivre ou un « fer » à souder approprié peut être acheté chez n'importe quel bon revendeur d'outils ou quincaillerie ; il devrait peser environ une livre pour travailler avec les boîtes de conserve.

Presque tout le monde a acheté un petit équipement de soudure à un moment ou à un autre et a essayé de souder la chaudière familiale ou de la ferblanterie qui fuyait ; généralement sans succès. De telles tenues sont invariablement trop petites pour les gros travaux ou pour les jouets en boîte de conserve.

Il faut bien se rappeler que la chaleur circule du cuivre dans l'ouvrage, et que le cuivre doit chauffer l'ouvrage jusqu'au point de fusion de la soudure ; par conséquent, un gros cuivre pesant plusieurs livres est utilisé pour souder des chaudières de lavage, des toits en tôle, etc., et un petit cuivre pesant quelques onces est utilisé pour souder des bijoux, etc.

Un gros cuivre entre des mains expertes peut être utilisé pour souder de très petits travaux, mais un petit cuivre ne peut jamais être utilisé pour souder de gros travaux ensemble, car le cuivre doit non seulement maintenir la soudure fondue jusqu'au point d'écoulement, mais doit également chauffer le travailler au niveau du joint jusqu'au point d'écoulement de la soudure avant que la soudure ne quitte le cuivre et n'adhère à l'ouvrage.

Dans la pratique réelle, il a été constaté qu'un cuivre pesant une livre est le meilleur. Une fois que l'on sera plus à l'aise avec le cuivre, il sera avantageux d'avoir plusieurs cuivres de poids différents. Une demi-livre et quatre onces de cuivre seront très pratiques pour des travaux extrêmement petits. Mais ne commencez pas à souder avec un cuivre pesant moins d'une livre.

Les cuivres à souder sont généralement vendus par paires chez les grands revendeurs d'outils, et les cuivres cotés à deux livres pèsent en réalité une livre chacun ; lors de l'envoi d'une commande écrite, assurez-vous de préciser que le cuivre doit peser une livre à l'unité.

Un manche en bois spécialement conçu pour souder les cuivres doit être acheté en même temps que le cuivre ; ces manches en bois sont grands pour protéger la main de la chaleur de la tige en fer. Le manche est généralement muni d'un trou de taille appropriée percé pour permettre à l'extrémité pointue de la tige d'être facilement enfoncée dans le manche avec un maillet en bois. Si le trou est trop petit, il doit être percé de manière à ce qu'il soit presque aussi grand que le diamètre de la tige. Le manche en bois ne doit pas se fendre lors de l'enfoncement avec le maillet.

Flux. — Avant d'étamer la pointe du cuivre, il faut obtenir un peu de flux, soit une pâte à souder, soit un liquide à souder « acide tué ».

Une excellente pâte à souder appelée « Nokorode » est de loin le meilleur flux que l'on puisse obtenir. C'est peu coûteux, une petite quantité suffit et cela ne rouillera pas et ne corrodera pas le travail comme c'est le cas avec l'acide tué et certaines pâtes à souder. Il peut être facilement nettoyé du travail après le soudage et rend le soudage beaucoup plus facile et plus simple pour le débutant. La pâte à souder Nokorode peut être obtenue dans n'importe quel bon fournisseur d'électricité ou quincaillerie. S'ils ne le stockent pas, ils l'obtiendront pour vous. Il n'y a rien d'aussi bon sur le marché, mais si pour une raison quelconque vous ne pouvez pas obtenir cette marque particulière, assurez-vous que toute pâte à souder que vous achetez est clairement étiquetée indiquant qu'elle ne corrodera pas le travail.

Le liquide de soudure ou acide tué est constitué d'acide muriatique dans lequel est dissous tout le zinc pur qu'il retiendra en solution. Ce fluide est très utilisé par les étameurs et constitue certainement un excellent flux de soudure, mais pas aussi efficace que la pâte à souder pour nos besoins. Cependant, il est très utile en atelier d'y tremper la pointe étamée du cuivre chaud pour éliminer l'oxyde ou la saleté formée après un certain temps d'utilisation du cuivre. La soudure collera beaucoup mieux à la pointe une fois le cuivre nettoyé de cette manière.

Les instructions pour fabriquer l'acide tué et pour utiliser d'autres flux de soudure se trouvent à la page 68 .

Étamer le cuivre. — Après avoir acheté le cuivre à souder et le manche, du flux et de la soudure tendre, et après avoir installé une sorte d'appareil de chauffage, l'étape suivante vers le soudage consiste à enduire la pointe du cuivre de soudure : c'est ce qu'on appelle l'étamage du cuivre.

Fixez fermement le cuivre dans un étau si vous en avez un à portée de main, comme illustré sur la Fig. 17 . Limez ensuite chacune des quatre faces de la pointe du cuivre brillantes et propres avec une lime plate. Il est préférable d'utiliser à cet effet une vieille lime, avec des dents plutôt grossières. On observera que le cuivre est placé en biais dans l'étau de manière à amener une face de la pyramide carrée parallèle aux mors de l'étau ; cette position permet de classer dans une position horizontale naturelle.

Chaque face de la pointe doit être légèrement arrondie vers la pointe.

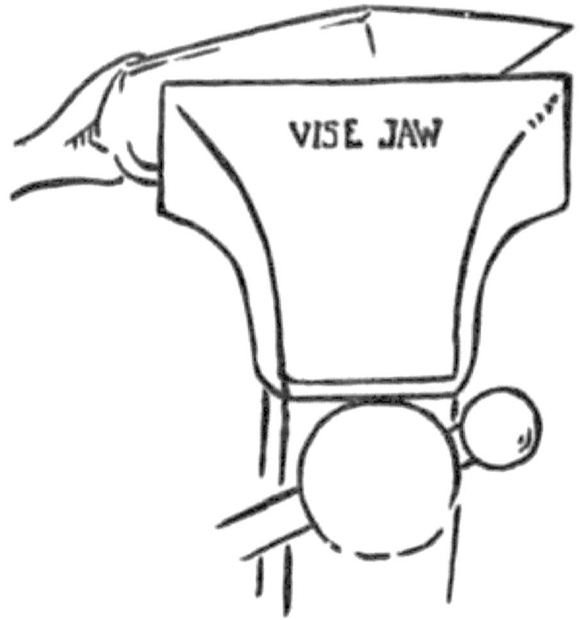

FIGURE 17.

Si aucun étau n'est disponible, le cuivre peut être maintenu contre le bord du banc d'une main et la pointe limée propre et brillante avec la lime tenue dans l'autre, ou une feuille grossière de toile émeri peut être placée à plat sur la table. et chaque face de la pointe y brillait. Cependant, une lime est de loin la meilleure solution à cet effet, et si elle est tracée à la craie avant utilisation, le cuivre limé ne l'obstruera pas.

Lorsque le cuivre est propre et brillant au niveau de la pointe, chaque face doit être soigneusement recouverte d'une fine pellicule de pâte à souder ou trempée dans l'acide à souder.

Le cuivre doit ensuite être placé dans le feu et chauffé jusqu'au point de fusion de la soudure.

Chauffage. — Pendant que le cuivre chauffe, préparez un morceau d'étain d'environ 2 pouces sur 4 pouces - n'importe quel morceau plat et propre ou partie de boîte de conserve fera l'affaire. Étalez un peu de pâte à souder au centre de la boîte et posez-la sur le banc près de l'appareil de chauffage. Quelques gouttes d'acide tué peuvent être placées sur la boîte à la place de la pâte, si l'acide doit être utilisé.

Après quelques minutes de chauffage, le cuivre doit être retiré du feu et l'extrémité d'une bande de soudure doit être touchée jusqu'à la pointe. Si la soudure fond rapidement et facilement contre la pointe, le cuivre est prêt à être étamé ; s'il fond très lentement, « boueux », il faut remettre le cuivre au feu et le réchauffer un peu plus. *Le cuivre ne doit en aucun cas être chauffé au rouge* ; il faut garder cela à l'esprit. Si le cuivre est chauffé au rouge, la pâte à souder sera brûlée et son action détruite, car un cuivre chauffé au rouge ne captera pas la soudure, et ne pourra pas non plus être étamé jusqu'à ce que le cuivre soit refroidi et refilé brillant et propre. recouvert de flux et réchauffé. Si le cuivre est chauffé au rouge après l'étamage de la pointe, l'étamage est brûlé à partir de la pointe et la soudure n'y collera pas tant qu'elle n'aura pas été refroidie, refilée et réétamée .

C'est le point le plus important à retenir en matière de soudure et il est à l'origine de nombreux échecs. N'oubliez pas que la soudure est impossible sans flux pour garder le métal propre lorsqu'il est chaud ; trop de chaleur brûlera la pâte à souder ou tuera l'acide ; l'étamage et la soudure adhérant à la pointe seront brûlés ou oxydés et rendus cassants et inutiles.

Une chaleur qui fera fondre la soudure presque instantanément et la fera couler avec une couleur brillante et scintillante doit être maintenue à tout moment lorsque le cuivre est utilisé pour la soudure. *Ce n'est jamais une chaleur rouge.*

Lorsque le cuivre est chauffé pour la première fois pour être étamé, il doit être retiré du feu lorsqu'il fond facilement la soudure, et plusieurs grosses gouttes de soudure doivent alors être fondues de la barre ou de la bande de soudure sur le morceau d'étain placé près du feu. et sur lequel de la pâte à souder ou de l'acide a été étalée. Frottez chaque face de la pointe du cuivre dans la soudure sur l'étain jusqu'à ce que chaque face soit complètement recouverte d'une couche brillante de soudure. Maintenez chaque face à plat contre la soudure de l'étain pendant le processus de frottement. Le cuivre devra peut-être être chauffé une ou deux fois par le débutant, car il peut devenir trop froid pour faire fondre facilement la soudure. Dès que la soudure commence à fonctionner de manière raide, « boueuse » et paraît grise au lieu de briller, il est temps de réchauffer le cuivre.

Un vieux morceau de tissu de coton doux, tel qu'un bas, sur lequel est saupoudré un peu de sel ammoniac en poudre, est une excellente chose à garder à portée de main lors du soudage ou de l'étamage. La couche d'étain de la pointe du cuivre doit être frottée sur ce tissu où l' on saupoudre le sel ammoniac, lorsque le cuivre est chaud. Cela permettra de maintenir le cuivre en excellent état. Le sel ammoniac enlève l'oxyde de l'étamage et l'éclaircit généralement sur la pointe.

L'étamage durera beaucoup plus longtemps sur le cuivre s'il est plongé de temps en temps dans la pâte à souder ou dans l'acide lorsqu'il est chaud. Cela est particulièrement vrai si le cuivre a été un peu surchauffé.

Lorsque l'étamage montre des signes d'usure et que le cuivre ne capte pas facilement la soudure, il doit être réétamé , limé, fluxé, chauffé et frotté sur la soudure qui a été appliquée sur l'étain initialement utilisé à cet effet. Ce morceau d'étain doit être conservé sur le banc, car le cuivre devra être réétamé . fréquemment. *N'oubliez jamais que le cuivre n'apportera pas de soudure à l'ouvrage s'il n'est pas bien étamé.*

Si un cuivre à souder électrique est utilisé, il est généralement fourni déjà étamé sur place, de sorte qu'il soit prêt à l'emploi dès qu'il est connecté à une prise électrique appropriée et que le courant est allumé. Le serpentin chauffant à l'intérieur du cuivre le chauffera bientôt jusqu'au point de fusion de la soudure. Après chauffage, il peut être traité comme un cuivre ordinaire, essuyé occasionnellement sur le chiffon de coton et réétamé lorsque l'étamage est usé. Un cuivre électrique ne doit jamais être placé dans un étau pour être classé, mais doit être maintenu contre le banc et soigneusement limé. Un étau est susceptible d'écraser le cuivre creux et de blesser le serpentin chauffant à l'intérieur. Ces cuivres ne doivent jamais être placés dans un feu ou chauffés de quelque manière que ce soit sauf par le courant électrique.

Les cuivres électriques ne nécessitent pas autant d'attention qu'un cuivre ordinaire car la chaleur uniforme fournie par le courant maintient le cuivre chauffé jusqu'au point d'écoulement de la soudure et est incapable de chauffer au-delà de cette température.

COMMENT FABRIQUER DU LIQUIDE À SOUDER OU « ACIDE TUÉ »

Le liquide de soudure peut être préparé très simplement comme suit : Le zinc pur est dissous dans l'acide muriatique jus'à ce que l'acide ne dissolve plus le zinc. La solution ainsi obtenue est ensuite laissée au repos pendant un certain temps, puis filtrée à travers un linge et versée dans une bouteille qui est maintenue hermétiquement bouchée lorsqu'elle n'est pas utilisée.

Achetez d'abord environ six onces d'acide muriatique chez un pharmacien. Veillez à ne pas renverser cet acide sur les mains ou les vêtements. Procurez-vous ensuite du zinc en feuille pure. La feuille de zinc utilisée pour les tapis de poêle, telle qu'elle est vendue dans les ateliers de plomberie, ne convient pas à la fabrication de liquide de soudure, car cette forme de zinc est alliée à d'autres métaux. Le zinc pur peut être très facilement obtenu à partir de vieilles piles sèches que l'on trouve n'importe où.

Retirez le revêtement en papier de la batterie et ouvrez-le avec un marteau. Retirez le carbone du centre de la batterie et jetez tout le matériau en poudre. Faites tremper le revêtement en zinc de la batterie dans de l'eau tiède pour éliminer tout papier ou matériau adhérant au zinc, puis coupez le zinc en morceaux d'environ ¼ de pouce carré.

Trouvez une vieille tasse à thé ou un pot de marmelade en terre cuite et versez-y environ une demi-tasse à thé d'acide muriatique. Placez le récipient contenant l'acide à l'extérieur ou près d'une fenêtre ouverte et à l'écart de tous les outils en acier, afin que les vapeurs de l'acide puissent s'échapper et ne pas être inhalées dans les poumons ou rouiller les outils.

Versez une petite poignée de boutures de zinc dans l'acide. L'acide les attaquera immédiatement et il en résultera une forte action bouillonnante. Lorsque l' action de bouillonnement s'atténue, ajoutez davantage de boutures de zinc, environ toutes les quinze minutes. Lorsque l'acide ne montre aucun signe d'attaque sur le zinc lorsqu'il est ajouté, on dit que l'acide est « tué » et le liquide de soudure est fabriqué. Il peut être utilisé immédiatement si nécessaire, mais ce sera bien mieux s'il est laissé au repos toute la nuit avec les résidus de zinc qui y restent. Il est ensuite filtré à travers un morceau de mousseline dans une autre tasse ou un autre pot et le liquide est prêt à l'emploi.

Le liquide de soudure peut être conservé dans une bouteille en verre à large goulot ou dans un pot de marmelade ; l'un ou l'autre récipient doit être hermétiquement bouché lorsqu'il n'est pas utilisé. Ce liquide de brasage peut être utilisé comme flux pour toute opération de brasage tendre à la place de la pâte à souder, mais ce n'est pas un flux aussi satisfaisant pour le travail en boîte d'étain que pour la pâte. La meilleure utilisation avec les jouets en boîte de conserve est de le conserver pour y tremper occasionnellement la pointe du cuivre chaud afin de nettoyer l'étamage au niveau de la pointe du cuivre.

Bien que la pâte à souder préparée soit la meilleure pour toutes les opérations de brasage liées au travail de l'étain, d'autres flux peuvent être utilisés si rien de mieux n'est disponible. Il s'agit de la résine, de l'huile d'olive, de l'huile de coton, de l'huile lubrifiante automobile et de la paraffine ; mais ces flux ne sont pas très satisfaisants entre des mains inexpérimentées. La pâte à souder est la meilleure pour toutes les opérations de brasage.

CHAPITRE V
SOUDURE (*suite*)

PRÉPARATION D'UN JOINT À SOUDER - NETTOYAGE ET RACLAGE - SOUDURE D'UNE PIÈCE D'ENTRAÎNEMENT - SOUDURE DU MANCHE AU COUPE-BISCUIT - UNE DEUXIÈME PIÈCE D'ENTRAÎNEMENT - UNE AUTRE MÉTHODE D'APPLICATION DE LA SOUDURE

Nettoyage et grattage. — Si le cuivre est parfaitement étamé et que l'élément chauffant et les matériaux sont prêts à l'emploi comme décrit au chapitre IV , plusieurs pièces d'entraînement doivent être soudées ensemble avant de tenter de joindre un travail réel que vous pourriez être prêt à souder.

Si l'étain est brillant et propre, il n'est pas nécessaire de le gratter au niveau du joint où doit passer la soudure. Les taches rouillées doivent être grattées si elles se trouvent sur le chemin de la soudure. Le papier, les étiquettes ou la peinture doivent être nettoyés. Si une boîte a été bien rincée à l'eau chaude au moment de vider son contenu, elle ne présentera aucune difficulté à la soudure, mais une boîte qui a été vidée mais non rincée présente une surface plus difficile à souder ; en particulier les boîtes de tomates, de fruits ou de lait concentré. Bien entendu, cela ne s'applique qu'à l'intérieur de ces canettes. Les boîtes de tabac, de café, de cacao, de thé et autres n'offrent aucune résistance à la soudure sans lavage. La laque jaune utilisée pour recouvrir certaines canettes n'a pas besoin d'être grattée. La soudure adhère bien à l'étain ainsi traité, mais le papier, la peinture, etc. doivent être grattés du chemin de la soudure. La partie grattée ne doit avoir qu'un quart de pouce de largeur de chaque côté du joint ; le reste des étiquettes en papier ou de la peinture sera enlevé dans le bain de lessive chaude utilisé avant de peindre la boîte.

Le grattage peut être effectué avec un vieux couteau ou un grattoir ordinaire fourni par le revendeur d'outils d'étamage, comme illustré à la page 202, chapitre XXI .

Lorsque vous grattez l'étain brillant, ne le grattez pas si fort que tout l'étain sera gratté de la feuille de fer intérieure, car la soudure collera beaucoup mieux à l'étain qu'au fer. Si le moule n'est pas très sale, un morceau de toile émeri ou du papier de verre peut être utilisé pour nettoyer le joint.

Les pots de peinture, les pots contenant du noircissement de poêle, de la colle de caoutchouc, du vernis, de la gomme-laque, etc., doivent être soigneusement bouillis dans un bain de lessive puissant avant d'être soudés ; la peinture est généralement composée d'oxydes et les oxydes constituent un moyen sûr de prévenir la soudure. Le bain de lessive est préparé en ajoutant deux grosses cuillères à soupe de lessive ou de lessive de soude au gallon d'eau bouillante. Les canettes bouillies dans cette solution pendant cinq minutes seront soigneusement nettoyées et exemptes de peinture, d'étiquettes en papier et de pratiquement tout ce qui pourrait se trouver à l'intérieur ou à l'extérieur d'une canette. La lessive ou la lessive de soude peuvent être obtenues dans n'importe quelle épicerie. Il faut veiller à ne pas mettre de solution de lessive sur les mains ou les vêtements car elle est très caustique et risque de brûler les mains et d'abîmer les vêtements si elle n'est pas immédiatement lavée. L'œuvre doit être manipulée avec un crochet métallique pendant qu'elle est dans le bain et bien rincée à l'eau une fois retirée. Le même bain de lessive est utilisé avant l'application de la peinture sur les travaux d'étain, lorsque tous les travaux de formage, de soudure, de rivetage, etc. sont terminés. Il élimine le flux, l'acide et les traces de doigts, laissant une surface propre sur laquelle peindre.

Souder une pièce d'entraînement. — Pour s'entraîner à la soudure, un joint d'angle est une bonne chose pour commencer ; quelque chose de petit et facile à maintenir en position pendant la soudure. Comme j'ai déjà décrit le façonnage d'un emporte-pièce jusqu'à le souder ensemble, une pièce d'exercice qui lui ressemble sera une excellente chose pour commencer.

Coupez une étroite bande d'étain d'environ 1 pouce de large et 4 pouces de long et un morceau plat d'étain d'environ 2 pouces sur 3 pouces. Assurez-vous que les extrémités de la bande étroite sont coupées d'équerre, en utilisant le carré si nécessaire. (Voir le chapitre « Planification du travail », page 32.) Assurez-vous que les deux pièces sont bien aplaties et lisses.

Pliez la bande étroite en une forme semi-circulaire, comme l'emporte-pièce que vous avez déjà soudé et placez cette pièce en position sur le plus grand morceau plat d'étain.

Posez maintenant la pièce près du radiateur de soudure en cuivre, sur le banc en bois ; assurez-vous de le placer sur du bois, et non sur une partie de l'étau ou tout autre métal qui pourrait convenir. Le fer, la pierre ou la brique absorberont trop de chaleur de l'étain s'ils sont directement en dessous et en contact avec lui, et empêcheront ainsi la soudure.

Appliquez une petite quantité de pâte à souder sur chaque joint comme indiqué sur la Fig. 18 . La pâte peut être appliquée avec un petit bâton de bois plat tel qu'une allumette rasée jusqu'à obtenir une pointe longue et fine.

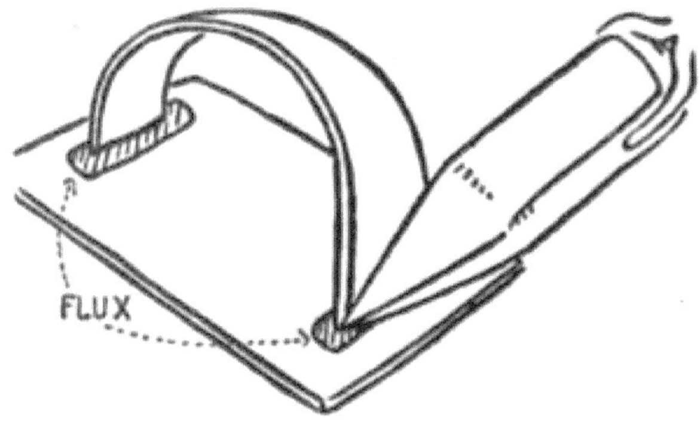

FIGURE 18.

L'acide tué ou le liquide de soudure est généralement appliqué avec une petite brosse en poil de chameau fixée dans une plume ; parfois, une plume de poulet est utilisée à cet effet.

Le flux, qu'il soit en pâte ou acide, doit être appliqué avec parcimonie, mais assurez-vous qu'il en applique suffisamment pour recouvrir complètement le joint, comme s'il était peint des deux côtés du métal où il se joint.

Assurez-vous que le cuivre est bien étamé et chauffé jusqu'à ce qu'il fonde et absorbe une goutte de soudure de bonne taille au point où il est maintenu contre une barre ou une bande de soudure. La soudure en fil ou en bande est beaucoup plus facile à manipuler pour le débutant que la barre plus lourde. Il fond beaucoup plus facilement car il est plus petit.

Si de la barre de soudure est utilisée, placez-la sur une enclume ou une pierre et martelez une extrémité jusqu'à ce qu'elle ait environ ⅛ de pouce d'épaisseur et beaucoup plus large que la barre d'origine. Il fondra beaucoup plus rapidement une fois dilué.

Maintenir la pièce semi-circulaire en position avec la main gauche et avec la droite amener le cuivre chaud chargé de soudure fondue au point étamé et insérer étroitement la pointe du cuivre dans l'angle formé par le joint en déplaçant le cuivre très lentement le long de la pièce. le joint, en commençant d'un côté et en finissant de l'autre.

Lorsque chaque côté du joint est complètement chauffé jusqu'au point de fusion de la soudure, une partie de la soudure quittera le cuivre et s'écoulera dans et sur le joint ; de sorte que lorsqu'on commence à souder un joint, il faut laisser le cuivre reposer un moment là où la soudure doit commencer. L'étain est ensuite chauffé et lorsque la soudure commence à couler dans le joint, le cuivre est entraîné lentement, chauffant l'étain et, au fur et à mesure de son déplacement, la soudure s'écoule dans le joint.

Les points suivants doivent être bien rappelés lors du soudage :

Que l'étain, à souder, doit être chauffé jusqu'au point de fusion de la soudure avant que la soudure ne quitte le cuivre et n'adhère à l'étain.

Que le cuivre fournit la chaleur à l'étain et que l'étain ne sera pas chauffé à moins que le cuivre ne soit maintenu en contact avec lui suffisamment longtemps pour le chauffer. Une quantité suffisante de cuivre doit être en contact avec l'étain à souder pour que la chaleur circule rapidement dans l'étain, voir Fig. 18 . Ne touchez pas simplement la pointe du cuivre au joint et attendez-vous à ce qu'il chauffe ce joint : ce ne sera pas le cas. Deux faces de la pointe du cuivre doivent reposer contre les parties de l'ouvrage à souder, transmettant ainsi la chaleur aux pièces comme le montre la Fig. 19 . Si une trop grande partie de la pointe entre en contact avec le travail, la soudure sera étalée sur le travail en un large jet inutile. C'est la raison pour laquelle les pointes des cuivres sont légèrement arrondies vers la pointe.

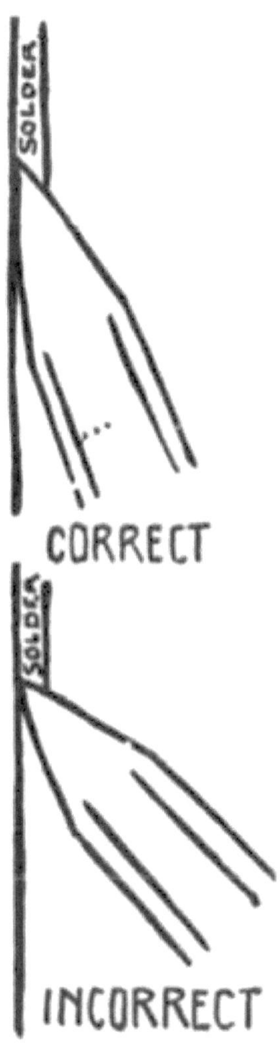

FIGURE 19.

N'oubliez pas : que le cuivre doit être suffisamment chaud pour faire briller la soudure.

Qu'un cuivre chauffé au rouge ne ramasse pas la soudure.

Qu'un cuivre chauffé au rouge brûle le flux, et qu'il détruit l'étamage à la pointe du cuivre ; une tête rouge oxyde également la soudure, la rendant cassante et faible.

Cette soudure ne comblera pas un vide dans un joint à moins qu'elle ne soit entre des mains très expertes ; les joints doivent être bien ajustés.

Qu'un bon joint doit paraître lisse ; on dirait qu'il est peint. Un joint lisse est produit par un cuivre chaud, un métal propre et un bon flux, mais surtout en laissant le cuivre suffisamment longtemps dans le joint pour le chauffer complètement.

Ces petits joints sont chauffés et soudés presque instantanément.

Que les gros joints nécessitent un temps de chauffe plus long et que les travaux très pénibles nécessitent un gros cuivre et parfois aussi une source de chaleur extérieure - mais nous n'avons rien à voir avec de tels travaux dans ce livre.

Ce travail doit être maintenu ensemble jusqu'à ce que la soudure prenne ou devienne grise, car elle peut se séparer pendant que la soudure est en fusion.

Ce sont tous des faits très simples et ne devraient pas être difficiles à retenir.

Pour continuer avec la pièce d'entraînement : Dès que la soudure a coulé dans et autour d'une extrémité du joint d'entraînement, retirez le cuivre et soudez le joint à l'autre extrémité de la pièce. Comme ces joints sont petits, ils doivent chauffer et souder très rapidement. Un seul chauffage du cuivre devrait suffire pour les deux joints, mais assurez-vous que le cuivre est suffisamment chaud avant d'essayer le deuxième joint.

Si vous rencontrez des difficultés lors de la réalisation de votre premier joint et que celui-ci ne colle pas, appliquez davantage de flux et réessayez.

Le manche peut être soudé au coupe-biscuits de la même manière une fois la pièce d'entraînement terminée avec succès.

Une autre méthode d'application de la soudure. — Parfois, des morceaux de soudure peuvent être coupés de la bande de fil de soudure et placés dans le joint à souder. Le cuivre de soudure chaud est ensuite utilisé pour faire fondre la soudure dans le joint. Le joint doit être bien fluxé avant que la soudure ne soit mise en place.

L'extrémité d'une bande de fil à souder est parfois maintenue contre la pointe d'un cuivre chaud lorsqu'elle est déplacée le long d'un joint à souder. La soudure est amenée contre la pointe du cuivre chaud à mesure qu'elle fond dans le joint.

Les deux procédés ci-dessus s'avèrent avantageux lorsqu'un joint béant doit être rempli de soudure et qu'il est souhaitable d'appliquer une quantité de soudure en un seul endroit.

CHAPITRE VI
EMPORTE-PIÈCES

LA CONCEPTION DU PIN - COUPER DES BANDES ÉTROITES D'ÉTAIN - SE PLIER POUR SE FORMER SUR LA CONCEPTION - SOUDER DES COUPE-BISCUITS - LA POIGNÉE

Des emporte-pièces de toute conception simple peuvent facilement être fabriqués à partir de bandes et de morceaux d'étain découpés dans des boîtes de conserve. Ils peuvent être réalisés pour estamper n'importe quel motif simple de la pâte à gâteau, comme des fleurs, des feuilles, des arbres, des animaux, des bateaux, des insignes divers, etc.

Lorsque vous créez le motif d'un emporte-pièce, n'oubliez pas que des raisins secs, des groseilles, des morceaux de citron, des noix, etc. peuvent être ajoutés aux biscuits après les avoir estampés et utilisés pour accentuer le motif, comme des yeux d'animaux, des fruits sur des arbres, etc.

Dessinez d'abord le motif sur du papier exactement de la même taille que vous souhaitez que le biscuit ait et assurez-vous d'utiliser un contour très simple, en prenant soin de ne pas introduire trop de courbures complexes et de vous rappeler qu'une bande d'étain doit être pliée pour suivre le contour. du dessin. N'oubliez pas non plus que la pâte à gâteau n'est pas un matériau très résistant et qu'elle se brisera facilement si elle est coupée en bande trop étroite à n'importe quel endroit ou partie du motif.

N'essayez pas de faire un design trop réaliste mais plutôt un design qui suggère l'objet souhaité. Le motif en pin ou en sapin de Noël est très simple à réaliser.

La conception du pin . — Dessinez d'abord le pin sur papier, en prenant soin d'avoir les deux côtés de l'arbre identiques, fig. 20 . Une méthode très simple pour obtenir ce résultat consiste à plier le papier exactement en deux, à l'ouvrir à nouveau à plat et à dessiner la moitié de l'arbre, en utilisant la ligne pliée comme centre de l'arbre et en utilisant un crayon doux pour dessiner avec . Pliez à nouveau le papier en utilisant la même ligne de pliage, placez le papier plié sur une surface dure et frottez le papier sur le dessin avec le bol d'une cuillère afin que le motif soit transféré sur l'autre moitié du papier, de sorte que lorsque le le papier est déplié, le dessin sera terminé et les deux côtés du dessin seront identiques.

Couper d'étroites bandes d' étain. — Lorsque vous avez dessiné un dessin satisfaisant, découpez une grande boîte de conserve de sorte que lorsque la boîte de conserve est aplatie, vous puissiez en découper une bande suffisamment longue pour se plier et se conformer à votre dessin et n'avoir qu'un seul joint. Assurez-vous de couper un bord de la boîte en ligne droite avant de commencer à marquer une bande de ½ pouce de largeur, en utilisant les séparateurs pour l'opération de marquage comme indiqué au chapitre II, page 35 . Assurez-vous de couper votre bande le plus droit possible et d'exactement la même largeur sur toute sa longueur.

Pliage pour façonner le design. — Lorsque la bande est coupée, rapprochez les extrémités de la bande et appuyez sur le pli pour former un angle. Cet angle formera non seulement le sommet de l'arbre mais marquera également le centre de la bande. Pliez la bande jusqu'à ce qu'elle soit conforme au dessin sur papier, du haut de l'arbre jusqu'au premier pli d'un côté, comme indiqué sur la Fig. 21 . Marquez la bande d'étain à *AA*

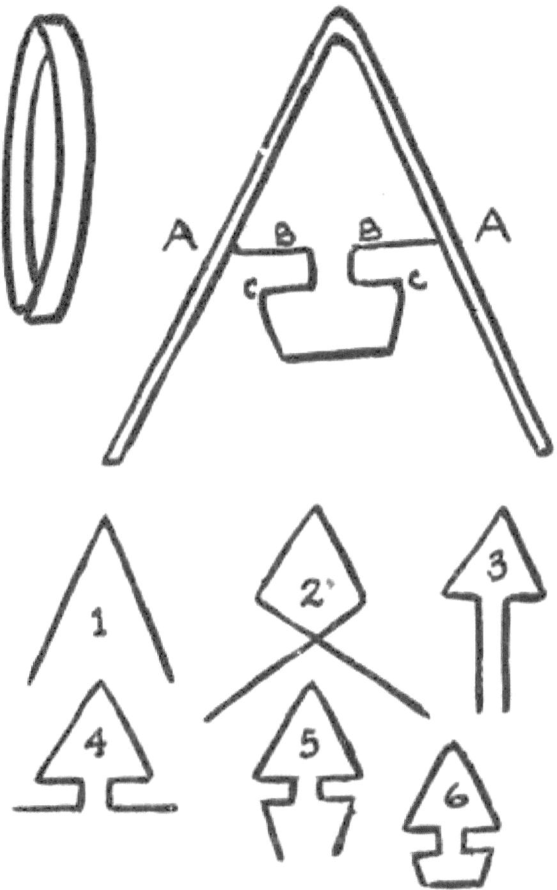

FIGURE 21.

Prenez la pince plate et pliez l'étain de chaque côté pour le conformer à la ligne *B*. Laissez les extrémités de la bande se croiser comme indiqué sur la Fig. 21 , 2 et dans l'illustration du pliage. Pliez ensuite les deux extrémités de la bande en *CC* et ainsi de suite jusqu'à ce que le contour complet de l'arbre dessiné sur papier soit suivi par la bande de fer blanc. Les différentes étapes du pliage sont illustrées sur les figures 21 , 1 à 6. Le joint au bas du motif doit se chevaucher d'environ ¼ de pouce.

Ce joint peut être maintenu avec la pince plate et soudé. Veillez à ce que les extrémités à souder soient d'équerre avec le reste du motif afin que lorsque la bande de découpe est placée à plat sur la planche à découper, tous les bords de coupe se touchent uniformément et coupent bien.

Une fois les extrémités de la bande de découpe soudées ensemble, découpez un morceau d'étain rectangulaire un peu plus grand que le motif, au moins ¼ de pouce plus grand dans toutes les directions. Assurez-vous que ce morceau de fer blanc est parfaitement plat et exempt de plis.

Regardez attentivement la bande de découpe et voyez qu'elle se conforme étroitement au motif, puis posez-la au centre du morceau de fer blanc rectangulaire.

Fixez un mince morceau de bois légèrement plus grand que le motif. Le bois provenant d'une caisse d'emballage fera l'affaire.

Cette bande de bois est maintenue en place au dessus de la bande à découper afin de la maintenir lors du soudage de la bande pour la maintenir parfaitement plane, et éviter de se brûler les doigts. La bande de coupe devient très chaude lorsqu'elle est soudée.

Souder des emporte-pièces ensemble. — Assurez-vous que votre cuivre à souder soit bien chauffé et étamé ; appliquez de la pâte à souder sur tout le joint où la bande coupante repose sur le morceau plat d'étain, puis appliquez soigneusement la soudure de la manière habituelle avec le cuivre à souder chaud.

Il s'avérera relativement facile d'appliquer de la soudure sur les parties les plus longues de la bande, telles que celles formant les côtés de l'arbre, mais n'essayez pas de souder dans la ou les crevasses étroites formées entre le feuillage de l'arbre, le tronc et le haut. Soudez uniquement là où il est facile d'introduire la pointe du cuivre à souder, puis appliquez la soudure à l'intérieur de la partie du motif formant le tronc d'arbre comme illustré sur la Fig. 23 par les lignes sombres.

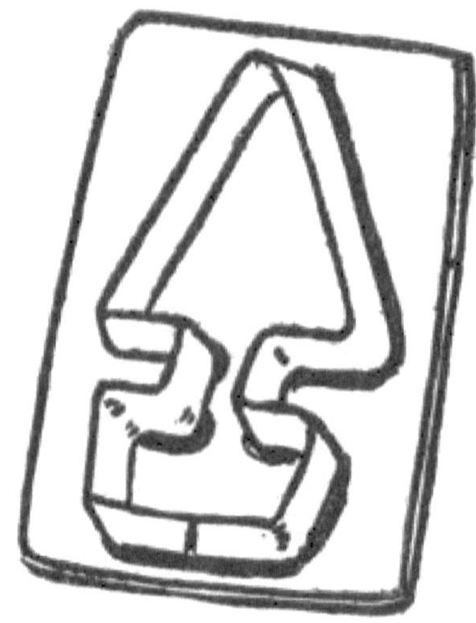

La bande de coupe n'a pas besoin d'être soudée au morceau plat d'étain formant le dos dans chaque petite crevasse qui ne convient pas au cuivre à souder. Mais il doit être soudé de manière à éviter que la bande de découpe ne se déforme lorsqu'elle est utilisée pour la découpe. Donc, si vous ne pouvez pas le souder à l'extérieur, soudez-le à l'intérieur.

Assurez-vous de maintenir fermement la bande de coupe contre l'étain plat avec un morceau de bois plat lors du soudage. Si la soudure ne se déroule pas bien, arrêtez-vous et relisez les chapitres IV et V sur la soudure. Prenez beaucoup de temps et faites du bon travail.

Lorsque la bande de découpe est fermement soudée à l'étain, coupez les bords jusqu'à ce qu'ils apparaissent comme indiqué sur la planche VIII . N'essayez pas de suivre chaque indentation du dessin, mais coupez-le selon la forme générale lisse indiquée qui ne laisse aucun angle vif. Les bords de la boîte formant l'arrière du couteau peuvent être lissés avec un petit morceau de toile émeri fine ou du papier de verre fin. Frotter doucement les bords avec la toile émeri les émoussera et les rendra moins susceptibles de se couper les doigts. Ceci s'applique uniquement au morceau plat d'étain formant l'arrière ou le dessus du couteau, car les bords de la bande de coupe doivent rester tranchants.

Percez deux trous ou plus à l'arrière de l'emporte-pièce pour former des bouches d'aération, comme vous l'avez fait lors de la fabrication de l'emporte-pièce.

La poignée. — Un manche peut être réalisé pour l'emporte-pièce exactement de la même manière que celui réalisé pour l'emporte-pièce. Une bande d'étain de 1¼ pouce de large et 4 pouces de long est à peu près de la bonne taille pour le manche. Les bords sont repliés et la bande est arrondie sur une enclume et soudée comme indiqué sur la photographie.

Les bords du manche doivent reposer directement sur la bande coupante située en dessous.

Une fois terminé, l'emporte-pièce doit être bouilli dans le bain de lessive ou lavé avec de l'eau chaude et du savon fort, puis il est prêt à l'emploi.

PLAQUE VIII

Cooky cutter and tray candlestick made by the author

Ash trays made by the author

Emporte-pièce et bougeoir plateau réalisés par l'auteur

Cendriers réalisés par l'auteur

CHAPITRE VII
PLATEAUX

RETOURNER LES BORDS DES PLATEAUX RONDS - À L'AIDE DU MAILLET DE FORMAGE - RÉALISATION D'UN CENDRIER ET D'UN SUPPORT BOÎTE D'ALLUMETTES

Divers plateaux ronds peuvent être fabriqués à partir de boîtes de conserve. Ceux-ci sont très simples à réaliser et sont très attrayants et pratiques pour les cendriers, les roulettes à bouteilles, etc. Un support de boîte d'allumettes peut être soudé au centre du plateau et tout fumeur l'appréciera. Ces simples plateaux se sont révélés être l'un des problèmes les plus populaires auprès de certains soldats blessés dans un hôpital de base américaine en France.

Retourner les bords des plateaux ronds. — Sélectionnez une boîte de conserve assez grande à découper pour en faire un plateau. Une boîte de conserve de 4 à 6 pouces de diamètre est la meilleure solution pour commencer la fabrication de plateaux. Cette boîte doit être ronde, car les boîtes carrées sont très difficiles, voire impossibles, à manipuler lorsqu'on retourne un bord.

Réglez les séparateurs à 1¼ pouces et tracez une ligne parallèle au fond de la boîte. Coupez la boîte de conserve et veillez à la couper aussi droite que possible au niveau de la ligne tracée.

Placez un bloc carré d'érable dans l'étau ; le même bloc d'érable que vous avez utilisé pour tourner les bords du manche du coupe-biscuit. Assurez-vous que les bords du bloc sont carrés et tranchants.

Réglez les séparateurs sur ¼ de pouce, posez un pied des séparateurs sur le bord du plateau et tracez une ligne autour de l'intérieur, à ¼ de pouce du bord, comme indiqué sur la Fig. 23 .

FIGURE 23.

Posez le bord du plateau sur le bord du bloc de bois de sorte que la ligne tracée à ¼ de pouce du bord repose directement sur le bord du bloc, comme indiqué sur la figure 24 a .

Inclinez le plateau vers l'arrière sur le bloc jusqu'à ce que le bord soit surélevé d'environ ¹⁄₁₆ de pouce de la surface du bloc, la ligne reposant toujours directement sur le bord du bloc.

Utilisation du maillet de formage. —Prenez le maillet spécial de formage et utilisez l'extrémité arrondie pour commencer à marteler le moule jusqu'au bloc, en gardant toujours le plateau incliné comme indiqué sur la Fig. 24. *b* . Retournez le plateau pendant que vous martelez afin que le plateau soit légèrement rebordé par les coups de maillet lorsque vous le retournez sur le bloc.

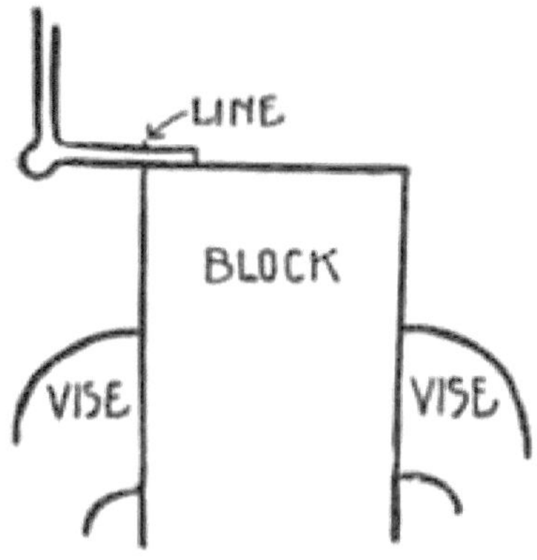

FIGURE 24a . _

FIGURE 24b . _

Assurez-vous de marteler la boîte très doucement et uniformément, en prenant soin de ne pas l'étirer plus à un endroit qu'à un autre. L'étain résistera à un étirement considérable s'il est manipulé doucement et uniformément, mais les coups de maillet violents l'étireront et le fissureront, et il se déchirera s'il est étiré de manière inégale.

Ne soulevez jamais le bord du plateau du bloc de plus de 1/16 de pouce, mais inclinez toujours le plateau un peu plus vers l'arrière chaque fois que vous martelez entièrement autour de lui. L'étain se rebordera rapidement et après avoir martelé entièrement autour du plateau trois ou quatre fois, le bord devrait se reborder à peu près à l'angle indiqué sur la figure 25 , n° III.

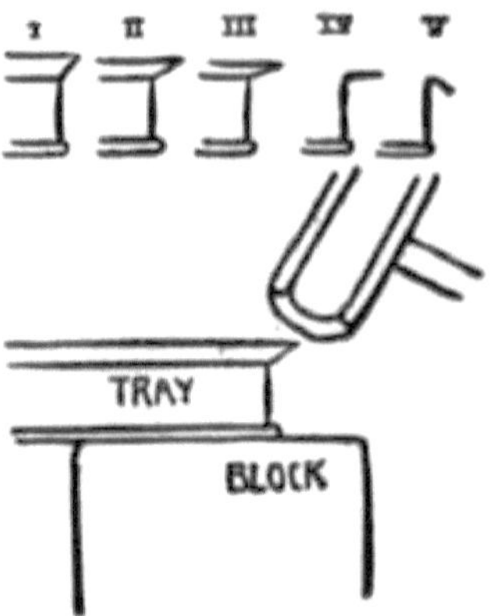

FIGURE 25.

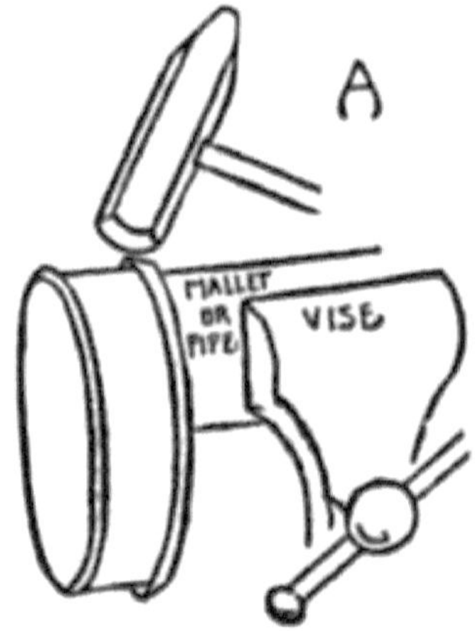

FIGURE 26.

Essayez de marteler de manière à ce que l'étain soit collé uniformément à partir de la ligne tracée. Les coups de maillet doivent être dirigés vers la ligne qui repose toujours sur le bord du bloc, plutôt que vers le bord de la boîte.

Lorsque le bord a été retourné autant qu'indiqué sur la Fig. 25 , N ° III , changez la position du plateau et posez le bas de celui-ci sur le dessus du bloc et martelez doucement le bord comme indiqué sur la Fig. 25 . jusqu'à ce que le bord ou le rebord ressorte perpendiculairement au côté du plateau. Continuez à marteler jusqu'à ce que le bord du plateau se trouve à peu près à l'angle indiqué sur la Fig. 25 , No. V.

Retirez le bloc d'érable de l'étau et fixez-y un maillet rond en bois, le maillet mesurant environ 2½ ou 3 pouces de diamètre, ou un morceau de tuyau en

fer, s'il est tenu dans l'étau, peut être utilisé comme enclume au lieu du maillet.
.

Accrochez le plateau à l'extrémité du maillet ou du tuyau et maintenez-le fermement en position, en le tournant lentement autour de l'enclume pendant que le bord est enfoncé sur le côté du plateau, Fig. 26 .

N'essayez pas d'enfoncer le bord d'un seul coup, mais faites plusieurs fois le tour complet de la bride ou du bord tourné avec le maillet, en martelant très légèrement et en pliant davantage le bord à chaque fois que le plateau est martelé. Les rebords ou la partie tournée se froisseront légèrement pendant le tournage, mais si le bord a été tourné uniformément et lentement dès le début, ce plissement n'aura pas d'importance, car les plis disparaîtront progressivement. Essayez de marteler de manière à ce que le bord ou le dessus du plateau reste arrondi et ne soit pas martelé (Fig. 27).

Lorsque le bord est complètement rentré et touche les côtés, inversez le maillet de formage et utilisez l'extrémité en forme de coin pour marteler les plis en prenant soin de marteler l'intérieur du bord pour ne pas aplatir le bord de la barquette, Fig. 28 . . Le bord doit ressembler à la figure 27 , puis votre plateau est terminé et prêt à être bouilli dans la solution de lessive et peint.

FIGURE 27.

Les bords du plateau peuvent être faits à n'importe quelle hauteur qui convient au fabricant, mais n'essayez jamais de les retourner à moins de ¼ de pouce du bord ni à plus de ⅜ de pouce, car l'une ou l'autre opération est très difficile, voire impossible.

L'étain est considérablement absorbé lors du retournement et le ¼ de pouce marqué pour le bord tourné du plateau décrit ci-dessus sera d'environ ³/₁₆ de pouce une fois retourné.

Cette opération de tournage est très utilisée pour finir les bords des différentes surfaces cylindriques et courbes utilisées dans le travail des boîtes de conserve, car il ne faut jamais laisser de bord fin et tranchant sur le travail.

Fabriquer un cendrier et un support pour boîte d'allumettes. — Faites un plateau d'environ 6 pouces de diamètre et ¾ de pouce de hauteur lorsque le bord est retourné, puis trouvez une boîte plus petite d'environ 2½ pouces de diamètre, comme une boîte de soupe ou de levure chimique. Tracez une ligne autour de cette boîte à 1 pouce de la base. Coupez la boîte jusqu'à cette ligne et placez la boîte de bas en haut au centre du fond du premier plateau, en la maintenant en position avec un bâton de bois et en la soudant au plateau.

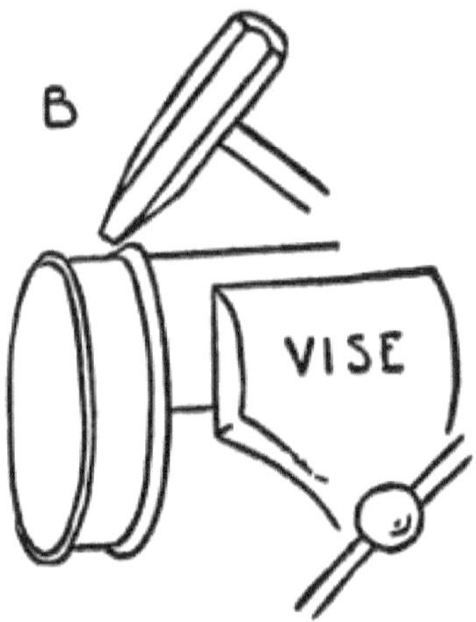

FIGURE 28.

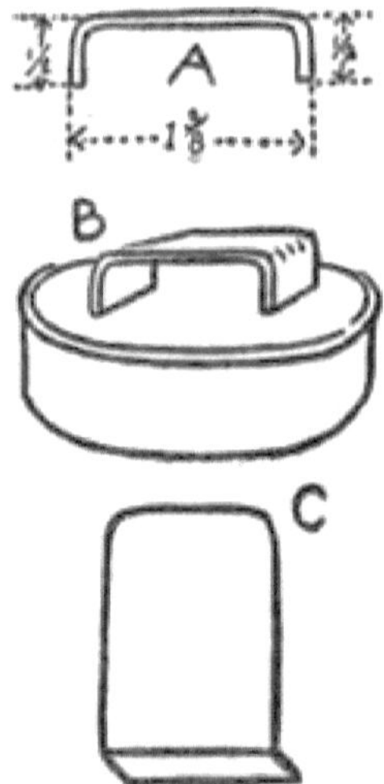

FIGURE 29.

Ouvrez une boîte d'allumettes de sécurité et mesurez le diamètre de l'extrémité de la partie de la boîte qui contient les allumettes. La mesure habituelle de l'extrémité de la boîte intérieure est de ⅝ sur 1⅜ pouces.

Coupez une bande d'étain de ⅝ de pouce de large et 2⅛ pouces de long. Faites une marque à ½ pouce de chaque extrémité de la bande et pliez le moule à angle droit à chaque extrémité, en utilisant chaque marque pour le pli.

La bande devrait alors apparaître comme indiqué sur la Fig. 29, *A* . Soudez cette bande au centre de la petite boîte comme indiqué sur la Fig. 29 , *B* , mais assurez-vous que le couvercle de la boîte d'allumettes glissera dessus avant de la souder rapidement.

Coupez deux morceaux de fer blanc de 1½ pouces de largeur et 2½ pouces de longueur. Assurez-vous qu'ils sont coupés parfaitement d'équerre. Tracez une ligne à ¼ de pouce d'une extrémité de chaque pièce et tournez le moule à angle droit entre cette marque et le bord.

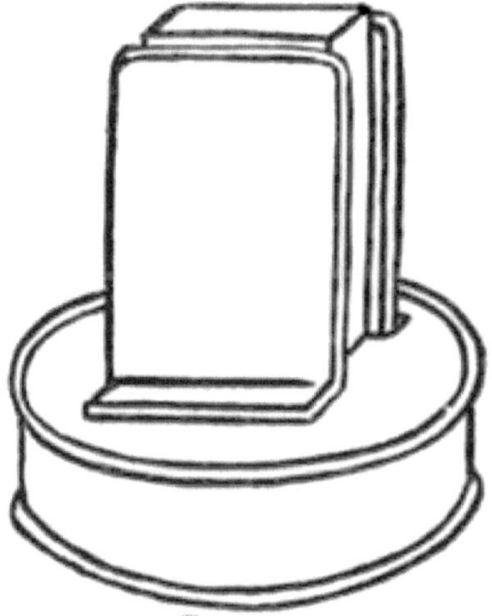

FIGURE 30.

extrémités opposées de chaque pièce doivent être arrondis en coupant avec les cisailles comme indiqué sur la Fig. 29 , *C*. Arrondissez les bords avec de la toile émeri fine. Placez le couvercle de la boîte d'allumettes en place sur la bande d'étain soudée à la boîte au centre du plateau. Placez les deux morceaux de fer blanc contre les deux côtés opposés de la boîte d'allumettes comme indiqué sur la Fig. 29 . Éloignez-les ensuite légèrement de la boîte et marquez la position des extrémités à bride où elles reposent sur la boîte, retirez le couvercle de la boîte et soudez ces morceaux d'étain en place. Assurez-vous de souder ces pièces de manière à ce que le couvercle de la boîte d'allumettes se glisse facilement entre elles et s'adapte sur la bande d'étain pliée en bas. Le cendrier et le support de la boîte d'allumettes seront alors terminés et prêts pour le bain de lessive et la peinture.

Une couche supplémentaire de vernis de haute qualité doit être appliquée sur les cendriers pour empêcher les cendres chaudes de brûler la peinture. Ce vernis ne doit être appliqué qu'après séchage complet de la ou des premières couches de peinture.

La hauteur des plateaux au bord peut être modifiée en conséquence, ainsi que la hauteur et la forme de la boîte soudée au centre du plateau. Les mesures sont simplement données pour faciliter la résolution de ces premiers problèmes. Tous les efforts doivent être faits pour réfléchir à vos propres problèmes, en vous basant sur les suggestions des formes des canettes elles-mêmes. Ainsi, une canette carrée peut être soudée au centre du plateau, et de petites auges semi-cylindriques en étain peuvent être soudées au bord du plateau pour contenir des cigares et des cigarettes allumés.

CHAPITRE VIII
Un Chandelier Plateau

LA DOUILLE DE BOUGIE - DÉCOUPER UN TROU DANS LA TASSE D'ÉGOUTTEMENT - FAIRE LA POIGNÉE

Une fois le cendrier et le porte-boîte d'allumettes terminés avec succès, le problème suivant à résoudre est celui du chandelier du plateau, dont une photo est présentée sur la page opposée. Ce problème présente des opérations de formage et de soudure intéressantes et instructives et doit être réalisé avant de tenter de fabriquer le camion automobile jouet.

Il faut d'abord préparer deux plateaux : un pour la base du chandelier et un pour le gobelet d'égouttement. Les bords des deux plateaux doivent être soigneusement retournés.

La douille de bougie. — La prochaine chose à faire est la douille de bougie qui sert également à relier les deux plateaux. Coupez un morceau de fer blanc de 2¾ sur 3½ pouces, réglez les séparateurs sur ¼ de pouce et tracez une ligne de ¼ de pouce à l'intérieur des trois bords du morceau, comme indiqué sur la figure 31, n° 1. Coupez les coins et rabattez la bande marquée *A.* , à plat contre l'étain. *C* et *B* doivent être partiellement repliés mais non fermés, fig. 31 , n° 2. Ces deux rabats, *C* et *B* doivent être verrouillés ensemble pour former une couture verrouillée comme indiqué au n° 3.

Si cette couture ou ce joint était simplement recouvert et soudé, la douille de la bougie fondrait si la bougie brûlait à l'intérieur.

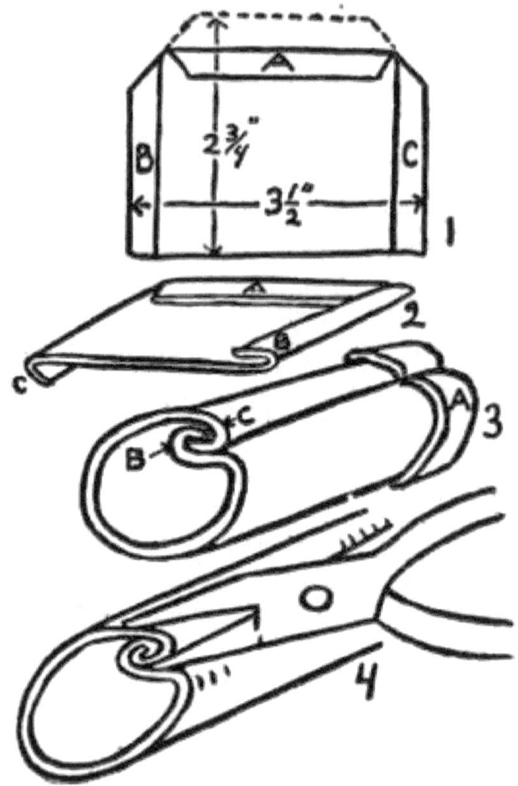

FIGURE 31.

Placez une petite barre de fer dans les mâchoires de l'étau. Cette barre ou ce tuyau doit avoir un diamètre d'environ ¾ de pouce et sert d'enclume sur laquelle arrondir la douille de la bougie.

Poser le morceau de fer blanc qui servira à la douille de bougie sur l'enclume avec le pli *A* vers le haut - plier le fer blanc autour de l'enclume avec la main ou avec de légers coups de maillet, en prenant soin de ne pas fermer les rabats *B* et *C* comme vous arrondissez la pièce sur l'enclume. Vous ne pourrez pas donner à la douille une forme cylindrique parfaite au début et jusqu'à ce que *B* et *C* soient assemblés comme indiqué au n° 3. Arrondissez simplement la pièce du mieux que vous pouvez jusqu'à ce que le rabat B *s'insère* dans le rabat *C*. Utilisez ensuite une paire de pinces plates pour pincer B et C ensemble comme indiqué au n° 4.

Lorsque les deux coutures sont assemblées ou verrouillées, la douille doit être à nouveau placée sur la barre et le martelage continué jusqu'à ce que la douille soit cylindrique et la couture martelée ensemble.

Examinez une boîte de conserve : la plupart d'entre elles ont des coutures verrouillées sur le côté.

Si elle est soigneusement fabriquée, cette douille doit s'adapter à une bougie ordinaire d'un diamètre de ⅞ de pouce.

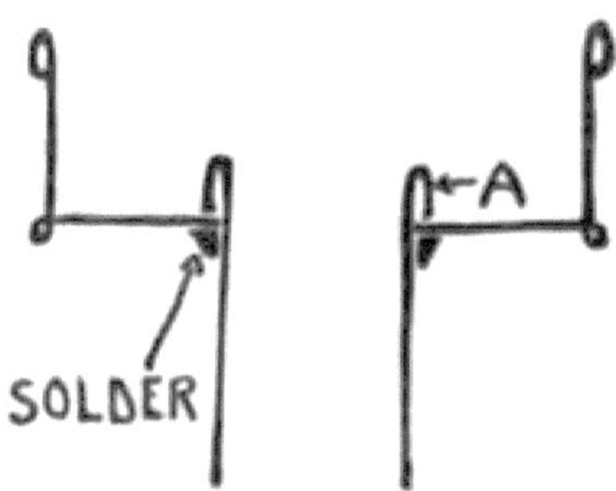

FIGURE 32.

Découper un trou dans le gobelet . — Lorsque la douille de bougie est terminée, un trou doit être percé à travers le fond de la coupelle d'égouttement. La douille est glissée dans ce trou jusqu'à ce que le bas de la bride *A* repose contre le fond de la coupelle d'égouttement, voir Fig. 32 . Un petit ciseau doit être utilisé pour percer le trou dans le fond du gobelet goutte-à-goutte. Le gobelet d'égouttement repose sur un petit bloc de bois qui est maintenu dans les mâchoires de l'étau, et le ciseau est utilisé de la même manière qu'un poinçon, l'extrémité du bloc de bois soutenant l'étain lorsque le ciseau le traverse. Le tranchant du ciseau doit mesurer environ ⅛ de pouce de large et doit être très tranchant. Un tel ciseau peut être acheté chez la plupart des revendeurs d'outils ou un jeu de clous de ⅛ de pouce peut être acheté et l'extrémité rectifiée jusqu'à la pointe d'un ciseau sur une meule. Un clou en acier ordinaire peut être utilisé pour un ciseau si la pointe est entièrement limée et l'extrémité du clou limée jusqu'à la pointe d'un ciseau. La tige du clou doit avoir un diamètre de ⅛ de pouce.

Placez le bord inférieur de la douille de bougie au centre du gobelet et tracez une ligne autour avec un crayon pointu ou une pointe à tracer en acier. Placez ensuite le gobelet sur un bloc de bois et découpez le disque d'étain à l'intérieur de la ligne, en utilisant une série de coupes au ciseau pour suivre la ligne. Veillez à ne pas couper le trou trop grand : il doit simplement s'adapter à la douille de la bougie, comme indiqué dans le dessin en coupe, Fig. 32 . Une lime demi-ronde peut être utilisée pour limer les bords rugueux ou irréguliers laissés par la coupe au burin.

Faire la poignée. — Un manche doit ensuite être fabriqué à partir d'un morceau d'étain de 1½ sur 8 pouces. La poignée doit être effilée et un dessin coté à cet effet est illustré à la Fig. 33 . Lorsque la boîte est découpée selon la forme indiquée, les séparateurs doivent être réglés sur $^3/_{16}$ pouce et une ligne tracée sur $^3/_{16}$ pouce à l'intérieur de chaque côté de la poignée. La boîte doit être repliée sur ces lignes afin que les côtés du manche soient bien arrondis et rendus plus solides. Les instructions pour réaliser un pli droit se trouvent à la page 50 et n'ont pas besoin d'être répétées ici car l'opération est très simple.

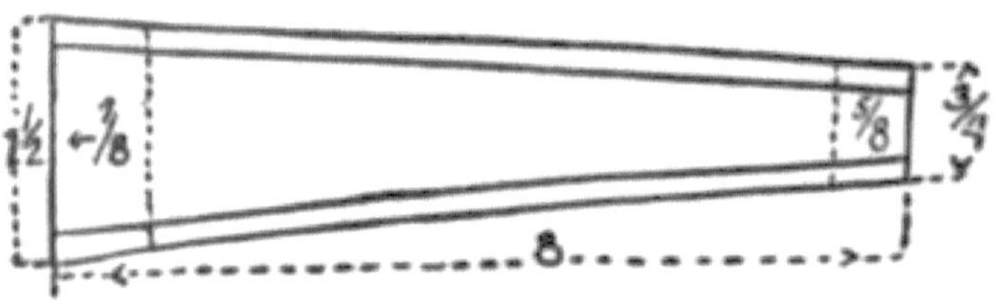

FIGURE 33.

La poignée doit avoir la forme indiquée sur la Fig. 34 . Il peut être façonné ou façonné en le plaçant sur une enclume ronde et en utilisant un maillet exactement de la même manière que le manche de l'emporte-pièce a été formé, voir Fig. 35 , sauf que le manche du chandelier aura un meilleur aspect. si les plis sont laissés à l'extérieur, voir Fig. 34 .

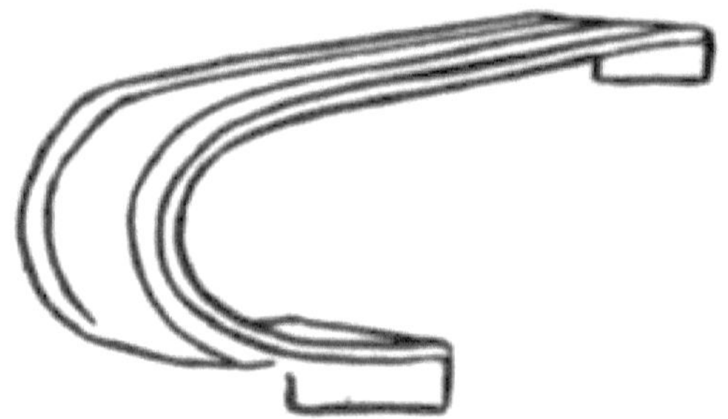

FIGURE 34.

FIGURE 35.

Les extrémités de la poignée doivent être repliées à angle droit, comme illustré sur la Fig. 34 . La petite extrémité s'accroche au gobelet et la grande extrémité s'accroche au bord du plateau ou au bas du chandelier.

Les différentes parties du chandelier sont désormais prêtes à être soudées entre elles. La douille doit être insérée dans la coupelle d'égouttement et ces deux-là doivent d'abord être soudés ensemble. Appliquez la soudure au bas de la coupelle d'égouttement et de la douille dans l'angle où la douille et la coupelle d'égouttement se rencontrent, comme indiqué sur la Fig. 32 .

Lorsque la douille et le collecteur de gouttes sont soudés ensemble, ils doivent être mis en place au centre du plateau inférieur et soudés en place. (Le chandelier aura une bien meilleure apparence si les coutures sur le côté du gobelet, de la douille et du plateau inférieur sont alignées les unes avec les autres lorsque le chandelier est soudé ensemble.)

La poignée est la dernière chose à mettre en place et elle est soudée au gobelet et au plateau inférieur qui complètera le bougeoir.

De nombreuses variétés agréables de ce chandelier simple et pratique peuvent être réalisées en modifiant le diamètre et la forme des boîtes utilisées pour les plateaux, ainsi que la longueur de la douille de la bougie et la forme de la poignée.

CHAPITRE IX
RIVETAGE

FABRICATION D'UN SEAU À PARTIR D'UNE BOÎTE DE CONSERVE—COUPE LE SURPLUS DE BOÎTE AU BORD—FORMATION DES ATTACHES POUR LA POIGNÉE—RIVETAGE DES ATTACHES EN POSITION—FORMATION D'UNE POIGNÉE EN FIL

Le rivetage est une des opérations les plus utiles liées au travail des métaux de toutes sortes, et il est très fréquemment utilisé dans le travail de l'étain où il n'est pas conseillé d'assembler le métal avec de la soudure ; ou le rivetage peut être utilisé en relation avec un joint soudé pour le renforcer et empêcher les pièces jointes de fondre, comme les pattes ou les supports de poignée d'un seau utilisé pour la cuisine, etc.

Le rivetage est une opération très simple. Les rivets sont généralement fabriqués avec une tête plate ou arrondie fixée à une tige ou une tige cylindrique courte. Un trou est percé dans chaque pièce de métal à assembler. Les morceaux de métal sont placés ensemble de manière à ce que les trous soient alignés et une tige de rivet glissée à travers ces trous. La tête du rivet repose ensuite sur une enclume plate en fer ou en acier et l'extrémité sans tête est martelée jusqu'à ce qu'elle forme une seconde tête et maintienne ainsi les deux pièces de métal étroitement ensemble.

Le seau pose un problème de rivetage très simple et il est très facile de fabriquer un seau substantiel à partir d'une boîte de conserve.

Faire un seau. — Choisissez une grande boîte ronde et propre pour le seau. Une boîte de fruits ou de légumes d'un gallon constitue un seau très utile. Utilisez un ouvre-boîte pour couper la boîte restante du couvercle, mais veillez à ne pas abîmer le bord de la boîte. Les canettes à rebord roulé constituent les meilleurs seaux.

Lorsque le couvercle est découpé, un bord irrégulier reste généralement près du bord et doit être coupé et la boîte restante martelée près du bord. Si plus de ¼ de pouce de la boîte du couvercle de la boîte reste à côté du bord de la boîte, il doit être coupé avec les cisailles à métal jusqu'à ce qu'une bande de boîte reste à côté du bord d'environ ¼ de pouce de large.

Couper le surplus d'étain au niveau du bord. — (Une paire de cisailles à métaux courbées est très utile pour réaliser des coupes circulaires de cette nature si vous en avez, mais le surplus d'étain peut être coupé avec les cisailles droites si de petites coupes sont effectuées avec elles.) Coupez dans l'étain à côté. la jante avec les cisailles : la coupe doit être faite à angle droit par rapport à la jante et s'étendre jusqu'à la jante. Maintenant, prenez une paire de pinces solides à bec plat et saisissez fermement l'étain avec elles à droite de la coupe et, avec un mouvement rapide vers le bas des mâchoires de la pince, commencez à casser l'étain près du bord, comme indiqué sur la Fig. 36 . La boîte se détachera au niveau de l'angle du couvercle et du bord et devrait se décoller facilement avec une série de mouvements rapides vers le bas des mâchoires de la pince. Une nouvelle prise doit être prise pour chaque mouvement vers le bas des mâchoires de la pince et des extrémités de la pince. les mâchoires des pinces doivent être poussées contre la jante à chaque fois qu'elles sont déplacées dans une nouvelle position.

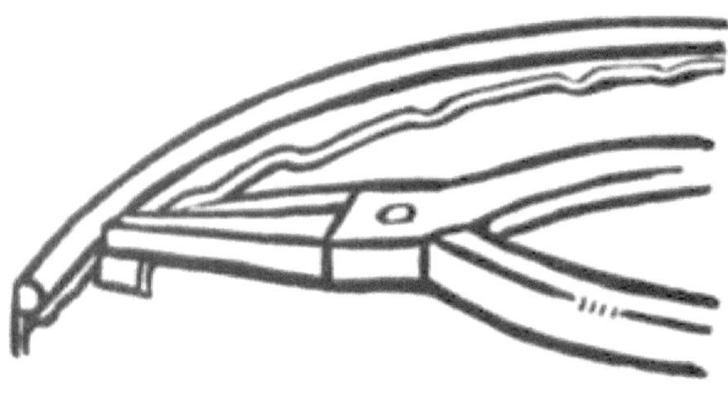

FIGURE 36.

Lorsque la boîte est découpée, placez le bord de la boîte sur l'extrémité du bloc d'érable et utilisez l'extrémité arrondie du maillet de formage pour marteler la boîte jusqu'au bord, voir Fig. 37 . Le seau est alors prêt à accueillir les pattes ou les pièces de maintien des poignées sur les côtés. Ceux-ci doivent être soudés et rivetés en place.

Former les pattes de la poignée. —Coupez deux morceaux de fer blanc de 1½ x 3½ pouces chacun, repliez sur ¼ de pouce sur chacun des côtés longs de ces deux morceaux, puis doublez chaque morceau avec les plis à l'extérieur, comme indiqué sur la Fig . Coupez les coins, puis placez les pattes sur le bloc d'érable et percez trois trous à peu près dans la position indiquée. Assurez-vous que les trous sont légèrement plus grands que les tiges des rivets à utiliser, mais ne faites pas en sorte que les trous soient beaucoup plus grands que les rivets.

Les rivets sont fournis par les quincailleries en fer noir doux et également étamé. Les rivets étamés conviennent mieux au travail de l'étain car ils peuvent être facilement soudés à l'ouvrage si nécessaire. Ces rivets étamés sont utilisés pour représenter des robinets, des robinets d'essai, etc., dans la fabrication de jouets en boîte de conserve. Il faut acheter plusieurs douzaines ou une boîte de rivets étamés n° 14.

FIGURE 37.

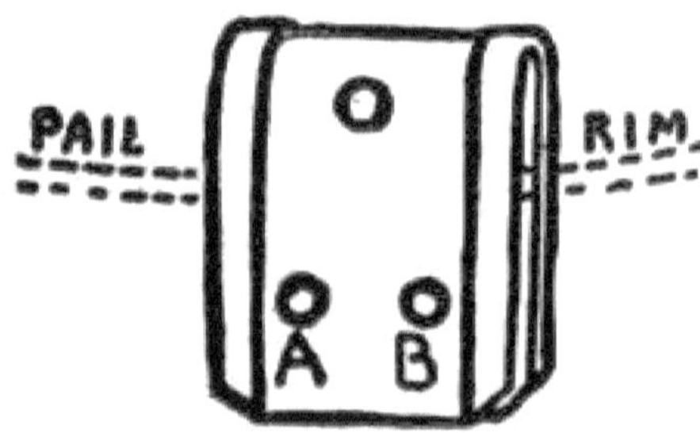

FIGURE 38.

Rivetage des pattes en position. — Souder les deux pattes en position de chaque côté du dessus du seau. Ces deux trous doivent se situer sous la jante.

Placez le seau sur une bûche ronde de bois tenue dans l'étau et percez les trous A , B à travers la boîte du seau, en utilisant les trous préalablement percés dans les pattes du seau comme guide.

Retirez la bûche de bois de l'étau et placez-y un gros morceau de tuyau rond pour en faire une enclume sur laquelle riveter. Enfoncez un rivet dans le trou A et placez le seau sur le tuyau de manière à ce que la tête du rivet repose sur le tuyau en fer. Prenez un petit marteau à riveter ou un petit marteau machine et enfoncez la petite extrémité du rivet qui dépasse au-dessus de l'ouvrage, voir fig. 39 et 40 . Frappez plutôt doucement en utilisant de nombreux coups légers et rapides au lieu de quelques coups violents. Les coups légers ont tendance à former une meilleure tête sur le rivet et à maintenir le métal plus solidement en place.

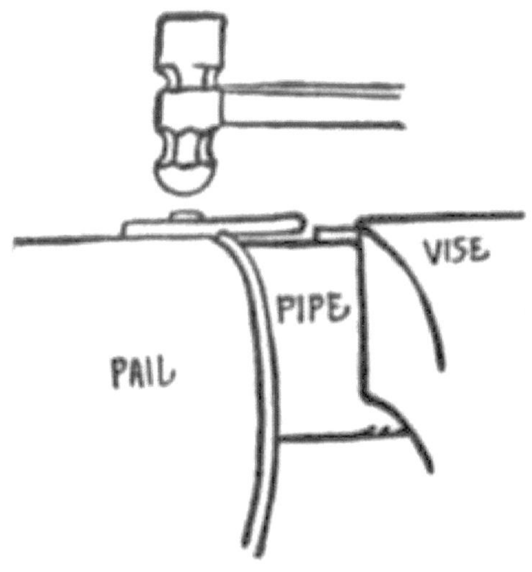

FIGURE 39.

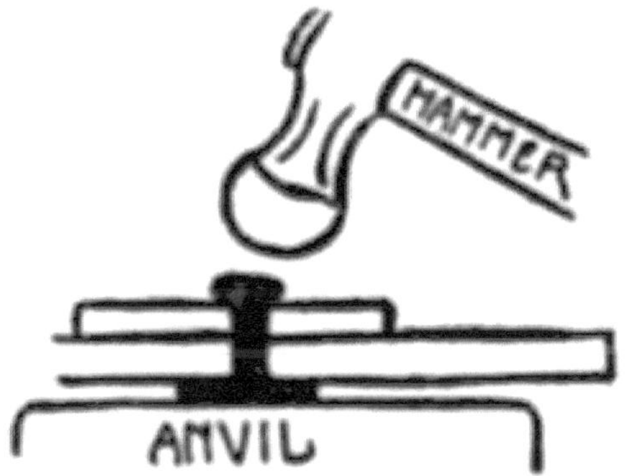

FIGURE 40.

Après avoir acquis une certaine expérience du rivetage, vous constaterez qu'il est préférable de riveter avec une panne sphérique, ou l'extrémité arrondie d'un marteau machine, plutôt qu'un marteau à extrémité plate.

Lorsque deux rivets sont placés dans chacune des pattes, le seau est prêt à être placé dans la poignée.

Former une poignée métallique. — Les poignées des seaux peuvent être constituées de fil galvanisé de ⅛ de pouce ou de tout autre morceau de fil solide et rigide qui est pratique. Le fil galvanisé est préférable car il ne rouille pas.

Coupez un morceau de fil de 14 pouces de longueur. N'essayez pas de couper ce fil avec vos cisailles à métaux mais utilisez une grosse paire de pinces coupe-fil si vous en avez. Une méthode simple pour couper un fil consiste à placer le fil dans l'étau et à utiliser le coin d'une lime pour le couper.

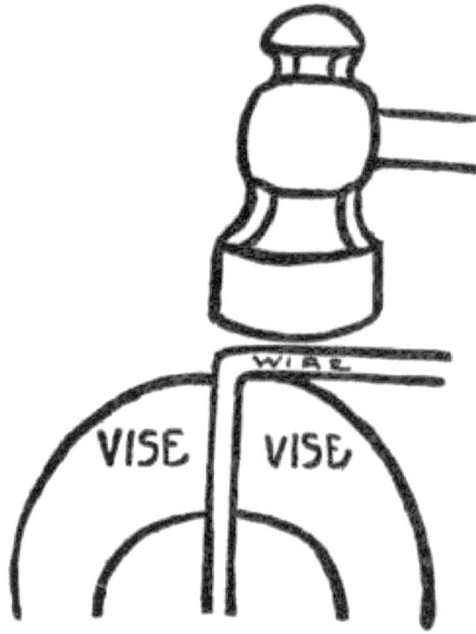

FIGURE 41.

FIGURE 42.

Essayer de couper des fils lourds avec des cisailles à métaux les abîmera ; en plus, tu ne peux pas le faire.

Marquez 1¾ pouces de chaque extrémité du morceau de fil que vous avez coupé pour la poignée et pliez chaque extrémité à angle droit à partir de cette marque, voir Fig. 42 , *A* .

Cela peut être facilement réalisé en plaçant le fil dans l'étau de manière à ce que la marque de pliage soit maintenue exactement au sommet des mâchoires de l'étau, puis en utilisant un marteau pour plier le fil à angle droit, voir Fig. 41 .

tenu dans l'étau et utilisez un maillet en bois pour l'arrondir jusqu'à la forme illustrée sur la Fig. 42 , *B*. Glissez les extrémités de la poignée métallique dans les trous percés à cet effet dans les pattes du seau, puis remontez le fil aux extrémités avec une grosse paire de pinces jusqu'à ce qu'il ressemble à celui illustré sur la Fig. 42 , *C* , et que le *seau* soit complété.

Si le seau décrit ci-dessus est constitué d'une boîte à bord roulé , il peut être utilisé en toute sécurité pour la cuisine de camp, car il n'y a aucun risque qu'il fonde au feu du feu. Lorsqu'un bec verseur et un couvercle sont ajoutés au seau, il constituera une excellente cafetière. Une cafetière et d'autres ustensiles de cuisine sont illustrés à la Fig. 95 .

CHAPITRE X
Fabriquer un camion automobile jouet

LES ROUES - QUATRE FAÇONS DE FABRIQUER DES ROUES DE BOÎTES DE CONSERVE - FABRIQUER UNE ROUE À PARTIR D'UNE BOÎTE À EXTRÉMITÉS SOUDÉES - FABRIQUER DES ROUES À PARTIR DE BOÎTES À JANTE ROULÉE - DEUX TYPES DE ROUES FABRIQUÉES À PARTIR DE COUVERCLES DE BOÎTES

Un camion automobile jouet très simple et solide peut être fabriqué à partir de boîtes de conserve. Si les problèmes ci-dessus ont été soigneusement résolus, il n'y a aucune raison pour que le camion soit difficile à construire, à condition que les instructions soient soigneusement suivies.

Comme la construction d'un camion est typique de nombreux jouets à roues, il a été sélectionné comme le meilleur type pour commencer. Divers accessoires peuvent être ajoutés, tels que des phares, des ailes, des marchepieds, des poignées, des boîtes à outils, etc., mais seulement après que le châssis, le capot, le siège et les roues du camion ont été assemblés avec succès. Ce premier vrai problème dans la fabrication de jouets doit rester aussi simple que possible.

Les roues constituent la partie la plus importante de tout jouet roulant, elles seront donc abordées en premier et chaque méthode de fabrication sera longuement discutée.

Quatre façons de fabriquer des roues de boîtes de conserve. — Les deux types de boîtes de conserve peuvent être utilisés pour fabriquer des roues, la boîte à jante roulée et la boîte à bride soudée, mais la méthode de fabrication de la roue est différente pour chaque type de boîte. Les couvercles à pression des boîtes de mélasse et de sirop peuvent également être utilisés pour fabriquer des roues.

Fabriquer une roue à partir d'une boîte de conserve aux extrémités soudées. — Des roues de camion appropriées peuvent être fabriquées à partir des plus petits bidons de lait évaporé. Les bidons de lait concentré sont trop grands pour un petit camion, bien que l'un ou l'autre des bidons mentionnés ci-dessus ait des extrémités à brides soudées.

Le contenu de ces boîtes de lait évaporé est généralement versé par l'un des deux trous percés dans le couvercle. Cela rend le couvercle pratiquement inutile pour fabriquer un côté de la roue, à moins que les trous ne soient petits, de sorte qu'il faudra utiliser huit boîtes de conserve pour fabriquer quatre roues.

Si les boîtes sont ouvertes sur le côté avec un ouvre-boîte, mais que quatre boîtes doivent être utilisées, car chaque extrémité de la boîte est alors intacte. Ces roues sont fabriquées en retirant un couvercle de la boîte, en coupant la boîte à la largeur de roue requise, puis en soudant à nouveau le couvercle. Lorsque les extrémités de la boîte sont intactes, la boîte est coupée en deux parties en découpant les côtés de la boîte avec l'ouvre-boîte. Une partie de la boîte est découpée à la hauteur requise comme pour fabriquer un plateau ; cette hauteur représente la largeur de la roue. L'extrémité est fondue de l'autre partie de la boîte et cette extrémité est placée sur la première partie de la boîte qui est coupée à la largeur de la meule. Il est ensuite soudé et la roue est réalisée.

Si de nombreuses boîtes de lait concentré ne sont pas à portée de main, il est préférable d'acheter quatre nouvelles boîtes remplies chez l'épicier, car ces petites boîtes ne coûtent que huit cents lorsqu'elles sont remplies de lait.

FIGURE 43.

Videz les boîtes en découpant une fente sur le côté avec un ouvre-boîte pointu, voir Fig. 43 . Tenez les canettes au-dessus d'un verre ou d'un bocal jusqu'à ce que le lait s'écoule dans le verre, puis rincez les canettes à l'eau chaude, ce qui enlèvera également l'étiquette. Continuez à couper autour de la boîte avec l'ouvre-boîte jusqu'à ce qu'elle soit complètement coupée en deux. Les quatre boîtes doivent être vidées et coupées en deux de cette manière. Quant au lait, n'importe quel cuisinier saura quoi en faire.

Ouvrez les séparateurs à ⅜ de pouce et tracez une ligne autour du fond de l'une des boîtes qui a été coupée en deux, en utilisant le bord soudé du bord

contre lequel reposer un point des séparateurs, comme indiqué sur la Fig. 44
. Découpez le surplus de tôle exactement comme si vous prépariez un
plateau. Si les boîtes sont devenues bosselées lors de la découpe avec l'ouvre-
boîte, placez-les sur une enclume ronde et retirez les bosses en martelant
doucement avec un maillet.

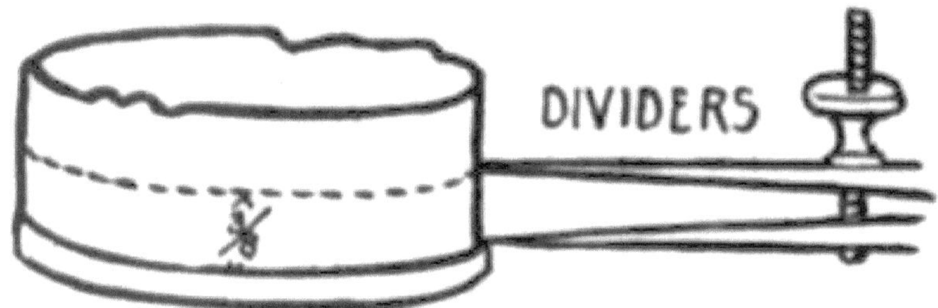

FIGURE 44.

Prenez une autre moitié de boîte et faites une coupe depuis le bord jusqu'à la
bride en bas, comme indiqué sur la Fig. 45 . Prenez une vieille paire de pinces
à bec plat et tenez-la au-dessus d'une flamme nue, comme une cuisinière à
gaz ou la flamme d'un radiateur en cuivre à souder, jusqu'à ce que la soudure
montre une ligne brillante au niveau du joint de la boîte et du couvercle, puis
prenez le maillet de formage et donnez au couvercle au fond un ou deux
coups secs avec celui-ci pour faire tomber le couvercle des côtés de la boîte
tenue par la pince, voir Fig. 45 . N'utilisez pas vos bonnes pinces pour
maintenir la canette au-dessus de la flamme, car la chaleur les atténuera
bientôt et les rendra inutiles.

Il n'est pas nécessaire de chauffer la boîte au rouge pour faire fondre la
soudure.

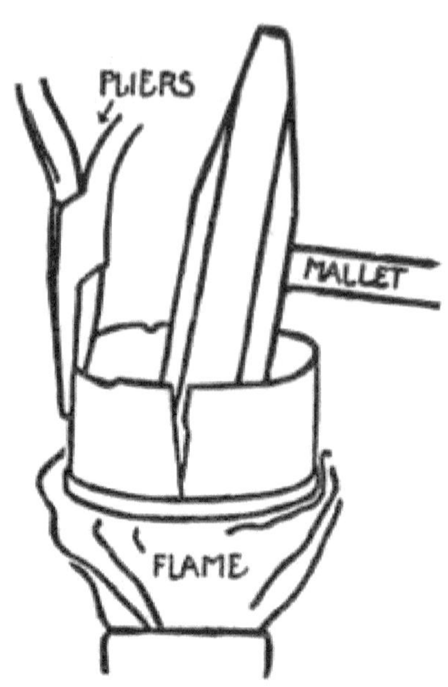

FIGURE 45.

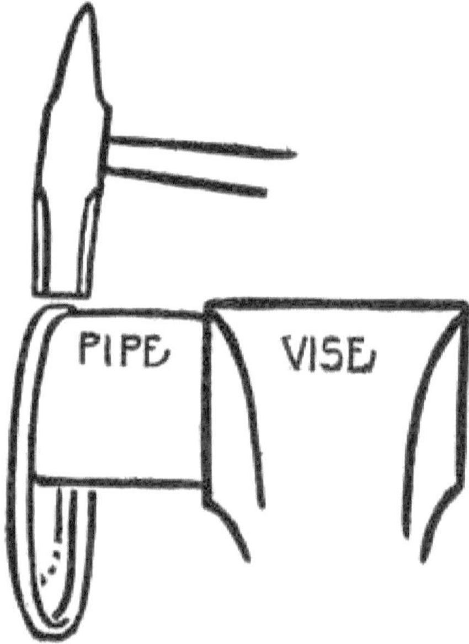

FIGURE 46.

Lorsque le couvercle est retiré, essayez de le fixer sur l'autre partie de la boîte et il s'avérera impossible de forcer la boîte dans le couvercle sans enfoncer les côtés de la boîte. Le rebord ou la bride au bord du couvercle doit être agrandi afin de remettre le couvercle sur la boîte. Le bord des côtés de la boîte à insérer dans le couvercle doit être limé avec une petite lime plate pour retirer la boîte soulevée par les cisailles à métal lors de la découpe autour de la boîte.

Pour agrandir le bord du couvercle, placez-le sur un morceau de tuyau tenu dans un étau et martelez le bord avec un marteau léger, en tournant lentement le couvercle sur l'enclume pendant que vous martelez, voir Fig. 46 . Après avoir martelé une ou deux fois complètement autour de la bride, essayez de remettre le couvercle sur la boîte. Il devrait s'adapter sans trop de martèlement. Pressez le couvercle de la boîte et martelez-le doucement en place, la roue étant alors placée à plat sur le banc. Soudez le couvercle en place et la roue est terminée, à l'exception des trous d'essieu.

Une petite goutte de soudure se trouvera sur le couvercle de tous les bidons de lait évaporé. Faites fondre cela avec un cuivre à souder chaud et un trou rond se trouvera exactement au centre du couvercle. Ce trou peut être agrandi pour s'adapter au fil utilisé pour l'essieu.

Trouvez le centre du côté de la roue avec les séparateurs comme décrit à la page 37, chapitre II .

Utilisez un pic à glace pour percer un petit trou exactement au centre de la roue. Si un fil galvanisé de ⅛ de pouce doit être utilisé pour un essieu, poussez le pic à glace plus loin dans le trou, en tournant le pic tout en le faisant, jusqu'à ce que le trou soit juste assez grand pour accueillir le fil de l'essieu. Répétez le processus de l'autre côté de la roue jusqu'à ce que le trou soit agrandi pour accueillir le fil d'essieu, Fig. 47 .

Si les trous d'essieu ne sont pas exactement au centre de la roue, cela ne fonctionnera pas correctement. Un peu de soin lors du perçage des trous le fera fonctionner suffisamment pour n'importe quel jouet.

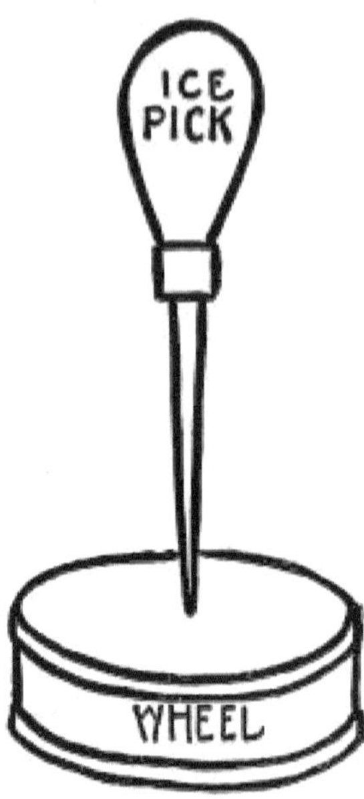

FIGURE 47.

Si vous possédez une perceuse à main et une perceuse de la même taille que le fil utilisé pour un essieu, vous pouvez percer le trou au centre de la roue au lieu de la percer. Pour ce faire, trouvez d'abord le centre de la roue puis faites une légère entaille exactement au centre de la roue avec le pic à glace ou un petit pointeau. La pointe du foret est placée dans cette bosse au moment de commencer à percer le trou. Je trouve préférable d'utiliser une perceuse de ¹⁄₁₆ de pouce et de percer d'abord un trou au centre de la roue avec celle-ci, puis d'utiliser une perceuse de la même taille que le fil d'essieu et d'agrandir le trou de ¹⁄₁₆ de pouce avec cela.

Dans tous les cas, la roue doit être soudée avant que les trous ne soient percés au centre. Terminez les quatre roues et mettez-les de côté jusqu'à ce que le camion soit presque terminé, car les roues sont les dernières choses à ajouter.

Du fil galvanisé de ¹⁄₈ ou ³⁄₁₆ de pouce de diamètre est généralement utilisé pour les essieux. Ce fil est généralement disponible en stock dans les quincailleries. Il est généralement fourni sous forme enroulée et doit être redressé avant d'être utilisé. Un morceau est découpé dans la bobine de fil suffisamment long pour fabriquer les deux essieux. Il doit ensuite être placé sur une surface métallique plane et martelé droit.

Fabriquer des roues à partir de canettes à jante roulée . — Une roue très résistante peut être utilisée à partir de boîtes à rebord roulé. Ce processus est légèrement différent de celui utilisé avec les boîtiers à bride soudée. Des roues de 2½ à 6 pouces de diamètre peuvent être fabriquées par cette seconde méthode, mais à moins que ce type de roue ne soit fabriqué à partir de très petites boîtes de conserve, elle ne convient pas aussi bien au camion que les roues fabriquées à partir de petites boîtes de lait évaporé.

Il faudra utiliser huit boîtes à rebord roulé pour fabriquer quatre roues, à moins que les boîtes ne soient ouvertes sur le côté lors de leur première vidange. Les deux types de roues doivent être fabriqués de manière à se familiariser avec la fabrication de chaque type, car les deux types sont utilisés dans la fabrication des modèles présentés dans ce livre.

Ce deuxième type de roue est plutôt plus facile à fabriquer que le premier, mais vous devez savoir comment fabriquer l'un ou l'autre type, car de nombreuses tailles de roues différentes peuvent alors être fabriquées avec toutes les canettes que vous possédez. Le bord roulé est plus souvent utilisé dans la fabrication de grandes boîtes que dans les petites.

Pour fabriquer des roues adaptées à un camion de la taille décrite ici, de petites boîtes de soupe peuvent être utilisées ; ce sont généralement des canettes à rebord roulé.

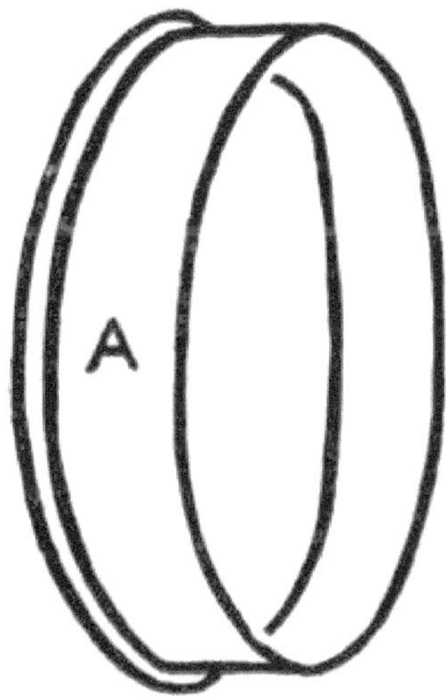

FIGURE 48.

Pour fabriquer une roue à partir de deux canettes à rebord roulé, une ligne doit être tracée autour de la base de la canette, à ⅜ de pouce du fond, et la canette doit être coupée jusqu'à cette ligne, voir Fig . 48 , *A*. Tracez une ligne à ¼ de pouce de la base de la deuxième boîte et coupez cette boîte jusqu'à cette ligne. Faites une coupe tous les ¼ de pouce autour de la boîte sur le côté de cette deuxième boîte, chaque coupe pour atteindre la base ou le bord de la boîte, voir Fig. 49 , B .

Placez cette partie de la roue sur le bloc de bois et utilisez le marteau riveteur (C) pour enfoncer le côté coupé de la boîte vers l'intérieur comme indiqué sur la Fig. 49 , B .

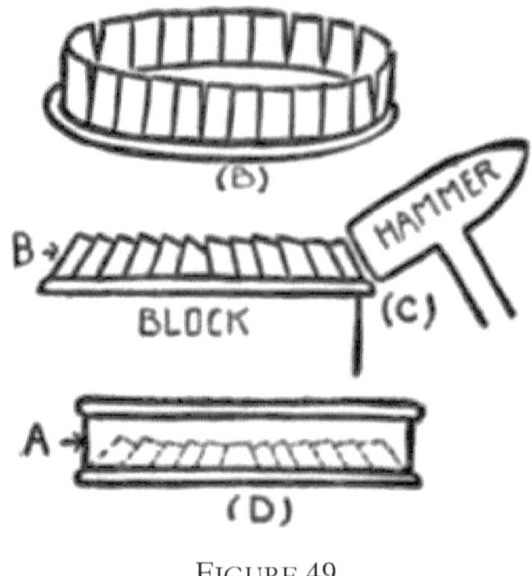

FIGURE 49.

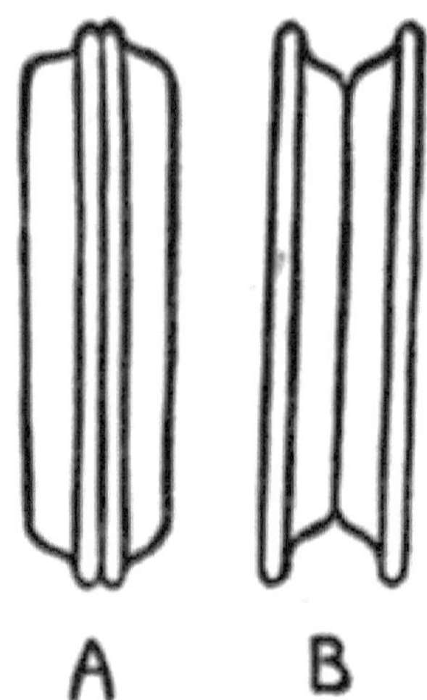

FIGURE 50.

Maintenant, prenez la boîte coupée à ⅜ de pouce et placez-la sur une enclume de tuyau maintenue dans l'étau. Utilisez un marteau en métal et martelez le contour de cette boîte deux ou trois fois pour l'agrandir. Tournez la boîte autour de l'enclume lorsque vous la martelez. Essayez ensuite de le pousser vers le bas sur la seconde boîte ou sur la partie retournée de la seconde boîte, comme indiqué sur la Fig. 49 , D . Si cela ne s'ajuste pas, continuez à marteler jusqu'à ce que les deux parties de la roue s'emboîtent, puis soudez-les en place et la roue est terminée, à l'exception des trous d'essieu, qui peuvent être mis en place exactement de la même manière. le premier type de roue.

PLAQUE IX

Rouleau à vapeur réalisé par l'auteur

Rouleau à vapeur fabriqué par un garçon de dix ans dans une école primaire
sous la direction de M. Arthur Campbell

Le grand rouleau du rouleau à vapeur jouet illustré sur la planche IX est constitué de boîtes de conserve à rebord roulé, tout comme les grandes roues du moteur de traction jouet illustré sur la planche XVIII .

Assurez-vous d'essayer les deux méthodes jusqu'à ce que vous les compreniez parfaitement, car cela dépend en grande partie de la capacité à fabriquer de bonnes roues pour un modèle de jouet.

Deux types de roues fabriquées à partir de couvercles de canettes. — Une troisième méthode de fabrication des roues consiste à utiliser deux couvercles de boîtes soudés ensemble, mais comme il faut un certain temps pour rassembler huit couvercles de boîtes de même diamètre, il est préférable de n'employer cette méthode qu'occasionnellement, comme pour les roues de voiture à boudin faites pour rouler sur une piste, etc. Un coup d'œil à la Fig. 50 , *A* , devrait suffire pour montrer comment ces roues sont constituées de deux couvercles de boîtes enfoncés et soudés ensemble à leur plus grand diamètre.

Les deux premières méthodes décrites aboutissent à des roues qui ressemblent aux roues de camions lourds utilisées sur les camions réels.

Un autre type de roue peut être construit à partir de couvercles enfoncés à bride. Dans ce type, les couvercles sont soudés ensemble de la manière exactement opposée à celle décrite dans la troisième méthode, de sorte que les flasques se trouvent à l'extérieur des roues. Ces roues sont généralement utilisées pour les roues à courroie sur les modèles mécaniques, Fig. 50 , *B* .

CHAPITRE XI
FABRIQUER UN CAMION AUTOMATIQUE JOUET (*suite*)

FORMATION DU CHÂSSIS - UTILISATION DU DOSSIER DE TOITURE EN BOIS - PLIAGE - UTILISATION DE L'ÉTAU POUR LE PLIAGE COURT - UTILISATION DU PIEU DE HACHETTE POUR LE PLIAGE

Formation du châssis. — Le châssis ou le châssis du camion peut être fabriqué à partir d'un seul morceau d'étain découpé dans une boîte de fruits d'un gallon. Les quatre bords sont rabattus de manière à former un plateau ou une boîte peu profonde.

Coupez un morceau de fer blanc de 12¾ sur 4¼ pouces. Utilisez les séparateurs pour tracer une ligne de ⅜ de pouce à l'intérieur des quatre côtés, mais assurez-vous que le moule est parfaitement coupé d'équerre avant de faire ce marquage intérieur. Coupez les lignes A A sur les quatre lignes sombres comme indiqué sur la Fig. 51 , *A* .

Placez le moule sur un bloc à bords tranchants et rabattez d'abord les côtés longs 1 et 2. N'oubliez pas de ne pas essayer de plier ces longs côtés ou ces replis d'un seul coup, mais plutôt de les repasser légèrement deux ou trois fois avec le maillet pendant qu'ils sont rabattus à angle droit. Veillez à ce que la boîte se replie exactement au niveau de la ligne.

Lorsque les côtés 1 et 2 sont rabattus à angle droit, rabattez les extrémités 3 et 4. Cela laissera quatre petites extrémités des deux côtés longs dépassant des extrémités, comme indiqué sur la Fig. 51 , *B* . Pliez-les sur les extrémités du châssis avec un maillet. Maintenez-les en place à l'aide d'une pince plate et soudez-les aux extrémités où ils se touchent, afin que le châssis apparaisse comme indiqué sur la Fig. 51 , *C* .

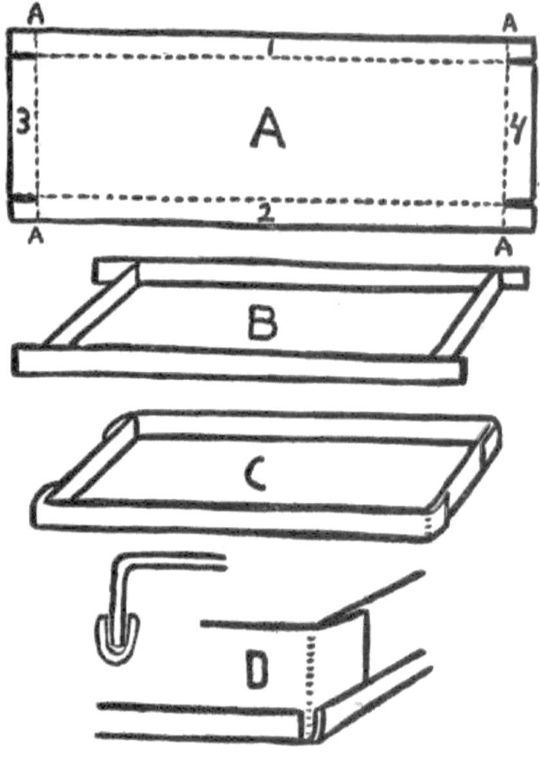

FIGURE 51.

Utilisation du dossier de toiture en bois. — Des plis de toutes sortes peuvent être réalisés très facilement et rapidement en utilisant le dossier de toiture en bois, planche XII . Le travail réalisé par cette machine simple est très droit et vrai, particulièrement les longs plis ou angles de fer blanc. La jauge peut être réglée à n'importe quelle largeur souhaitée jusqu'à $^7/_{16}$ de pouce et n'importe quel nombre de plis de la largeur souhaitée peut être produit rapidement et précisément en insérant la boîte entre les barres de maintien et en fermant le dossier.

de maintien sont représentées en *AA* , Fig. 52 . Les jauges réglables en *B* , *C* *C* sont les supports en bois qui sont articulés entre eux. *D* est la poignée en fer, *E* la vis de réglage, *F* est le morceau de fer blanc à plier.

PLAQUE X

Camion benne avec carrosserie hissée par treuil sous le siège, réalisé par Miss MC Newman

Châssis non peint d'un camion automobile jouet fabriqué par l'auteur

Camion benne fabriqué par Miss MC Newman

Châssis de camion automobile jouet montrant des ressorts

Camion-benne fabriqué par un étudiant du Teachers College

PLAQUE XII

Dossier de toiture en bois avec un morceau de tôle inséré prêt à plier

Le dossier est représenté sur la figure 53 . Ces deux vues sont en coupe pour montrer le fonctionnement du dossier. La construction réelle peut être facilement comprise en regardant le dossier lui-même. La jauge B , Fig. 52 , est ajustée en desserrant d'abord les cinq vis E avec un tournevis, puis en rentrant ou en poussant la jauge B jusqu'à la largeur souhaitée du pli à réaliser. Les vis E sont ensuite serrées à l'aide du tournevis et l'étain inséré entre les pièces $A\,A$. Le dossier est ensuite fermé en saisissant la poignée D et en fermant les deux côtés du dossier ensemble. Lorsque le dossier est ouvert, la boîte se révèle repliée.

Le pli peut ensuite être complété au maillet si l'on souhaite le refermer contre la boîte. Pour former un angle droit, le dossier n'est pas complètement fermé. Une petite expérimentation avec un morceau de ferraille montrera jusqu'où il faut fermer le dossier pour obtenir un angle donné.

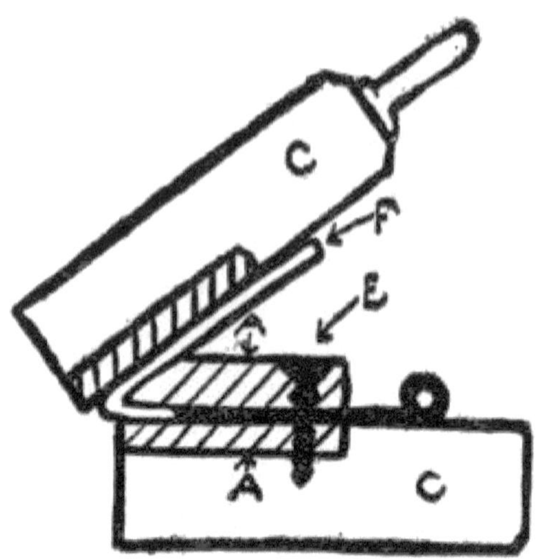

FIGURE 53.

Il faut veiller à placer la jauge *B* parallèlement à la barre de maintien *A* . Le dossier est généralement réglé à ¼ de pouce. C'est la largeur de la plupart des plis réalisés dans la boîte. Cette machine simple permettra de gagner beaucoup de temps dans le travail de l'étain et devrait être achetée si possible. C'est pratiquement la seule façon de réaliser avec précision un long pli dans une étroite bande d'étain.

Le dossier peut être utilisé pour rabattre les deux côtés longs du châssis, les extrémités peuvent ensuite être rabattues sur le bord d'un bloc car les extrémités des plis longs empêcheront de placer les plis courts dans le dossier. Des bandes étroites d'étain peuvent être repliées et martelées avec le maillet. Ces bandes d'étain peuvent être glissées sur les bords tranchants au bas de chaque côté du châssis, rendant ainsi les bords très solides et éliminant le risque de se couper les doigts. La figure 51 , *D* , montre une vue agrandie d'un coin du châssis avec les bandes d'étain pliées glissées sur les bords inférieurs.

Ces bandes pliées étroites se réalisent très facilement sur la plieuse. Coupez deux bandes de fer blanc de ½ x 12 pouces et réglez le dossier pour qu'il se plie de ¼ de pouce, placez le fer blanc dans le dossier et repliez-le. Retirez-le du dossier et martelez-le presque avec le maillet, puis placez une bande d'étain séparée dans la partie pliée et continuez à marteler avec le maillet jusqu'à ce que la boîte pliée soit fermée à l'intérieur ou qu'une bande d'étain insérée.

La bande pliée est alors prête à glisser sur le bord du côté du châssis et à y être soudée en plusieurs endroits ; c'est-à-dire que la bande pliée n'a pas besoin d'être soudée au châssis en continu, mais peut être maintenue en place par soudure environ tous les quatre pouces.

Les deux courtes bandes d'étain de ½ x 4 pouces doivent ensuite être coupées, pliées et soudées en place aux extrémités courtes du châssis. (Aucune arête vive ne doit être laissée sur une boîte de conserve lorsqu'elle peut être évitée en la pliant ou en la recouvrant.)

Une longue bande étroite d'étain est assez difficile à plier sans utiliser de plieuse, mais cela peut être fait avec le maillet et le bloc comme suit :

Pliant. — Si une bande de fer blanc de ½ sur 12 pouces doit être repliée, il est préférable de couper une bande de fer blanc de 1¼ sur 12 pouces. Marquez ¼ de pouce tout le long d'un bord long et pliez-le sur un bloc comme pour fabriquer le manche de l'emporte-pièce, car vous aurez alors plus de métal à tenir pendant le pliage. Lorsque la pièce est complètement rabattue à angle droit, retournez-la sur le bloc et fermez la boîte avec un maillet en insérant un morceau de boîte avant de refermer la boîte. Ensuite, le surplus d'étain peut être découpé et vous obtenez une étroite bande pliée. Comme pour tout pliage à la main à l'aide du maillet et du bloc, la boîte doit être progressivement mise en place.

Utilisation de l'étau pour un pliage court. — L'étau peut être utilisé pour plier de petits morceaux d'étain avec une grande précision. La ligne de pliage est d'abord marquée sur la boîte ; l'étain est ensuite placé et maintenu dans les mâchoires de l'étau de manière à ce que la ligne soit parallèle et exactement au sommet des mâchoires. Le maillet est ensuite utilisé pour marteler l'étain jusqu'à l'angle requis, voir Fig. 54 . Un pli très précis et très net devrait en résulter.

Utilisation du piquet de hachette pour le pliage. — Un piquet spécial a été conçu pour plier les boîtes de conserve. C'est ce qu'on appelle le pieu de hache et est répertorié dans la liste d'outils supplémentaires. Il a la forme de la lettre T. La partie horizontale est réalisée comme une longue hache à lame étroite, et la tige verticale qui y est attachée peut être maintenue dans l'étau ou placée dans un trou de l'établi, voir Fig. 55 . .

Le bord supérieur de cet outil est parfaitement droit et assez tranchant. Un côté de la lame descend directement du bord et l'autre côté descend selon un angle considérablement inférieur à un angle droit. Le bord supérieur du piquet de hachette est utilisé pour replier la boîte et il est spécialement formé pour permettre le pliage à plus d'un angle droit.

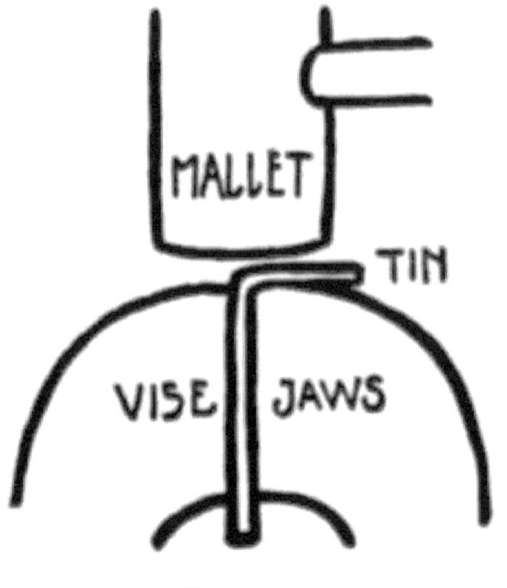

FIGURE 54.

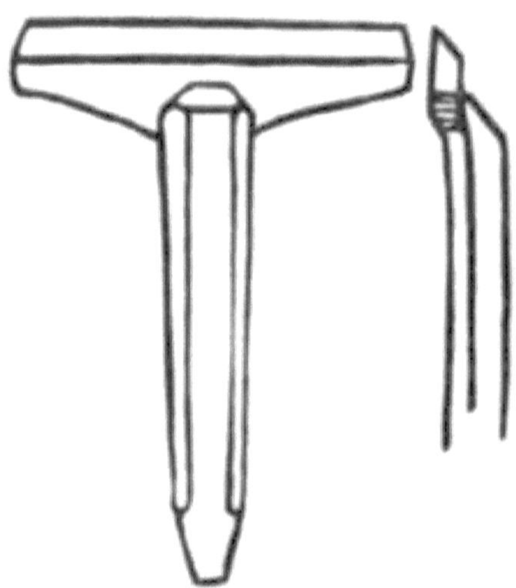

FIGURE 55.

Pour utiliser le piquet de hachette, une ligne de pliage est d'abord marquée sur la boîte. Cette ligne est maintenue directement au-dessus et parallèle au sommet ou au bord du piquet et le maillet est utilisé pour plier la boîte, les coups du maillet étant dirigés vers le haut du piquet comme le montre la figure 56 .

Le piquet de hache est un outil très pratique dans l'atelier, même si un dossier est inclus dans l'équipement, car certains travaux ne permettront pas d'utiliser le dossier pour les réaliser.

Des bandes d'étain aussi longues que la lame du piquet de hachette peuvent être repliées avec précision comme suit :

Une bande d'érable de 1 pouce d'épaisseur et 2 pouces de largeur et aussi longue que la lame du pieu peut être serrée contre le côté plat de la lame du pieu de hachette, la boîte à plier étant maintenue fermement entre la bande d'érable et la lame. Le maillet est ensuite utilisé pour replier la boîte vers le côté incliné de la lame, Fig. 57 . Parfois, deux bandes d'érable peuvent être serrées sur un morceau de fer blanc pour le maintenir avec précision pendant son pliage, mais cette méthode est plutôt lourde.

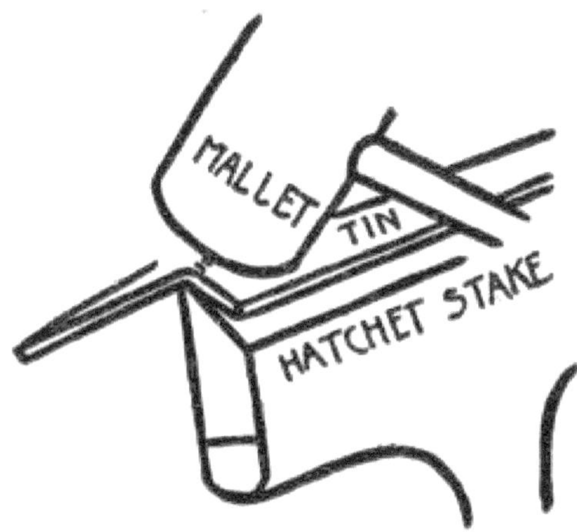

FIGURE 56.

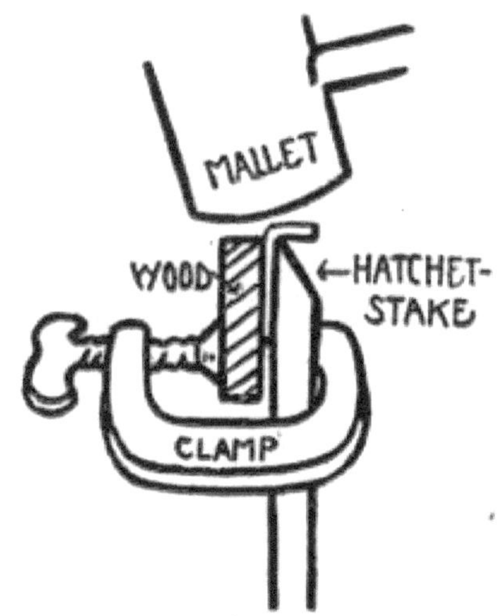

FIGURE 57.

Les différentes méthodes de pliage ont été décrites en détail afin que le lecteur puisse se familiariser avec chacune d'elles, mais une grande partie du pliage peut être effectuée sur un bloc d'érable aux arêtes vives, si vous n'avez rien d'autre avec lequel travailler.

Les ferblantiers professionnels utilisent une plieuse en métal très pratique, mais celle-ci est très coûteuse et n'a pas besoin d'être décrite ici.

CHAPITRE XII

Fabriquer un camion automatique jouet (*suite*)

RÉALISATION DU CAPOT ET DU RADIATEUR - DÉCOUPE DES AÉRATIONS - SOUDURE SUR LE BOUCHON DE REMPLISSAGE

Le capot et le radiateur peuvent être fabriqués à partir d'une boîte de cacao, d'un petit bidon d'huile d'olive ou d'huile de cuisson, à condition que la boîte ait la forme illustrée sur la figure 58 , qui montre le fond et les côtés d'une boîte de cacao.

La boîte est d'abord découpée jusqu'à la ligne pointillée A . Ensuite, la boîte est découpée au niveau de la ligne pointillée B . Ensuite, des trous sont percés en rangées régulières dans le fond de la boîte pour produire le radiateur. Des fentes sont découpées sur le côté de la boîte pour former des évents et un capuchon provenant d'un tube de dentifrice ou de peinture est soudé près du bord roulé pour un bouchon de remplissage et le capot est terminé comme le montre la Fig. 59 .

La boîte rectangulaire sélectionnée pour le couvercle est marquée et découpée comme suit : Ouvrez les séparateurs à 2⅝ pouces et tracez la ligne A autour de la boîte, Fig. 58 . Avant de couper la boîte jusqu'à cette ligne, réglez les séparateurs à 2¼ pouces et marquez la ligne B horizontalement autour de la boîte. Pour ce faire, posez la canette à plat sur la paillasse et sur le côté qui doit former le haut de la hotte. Posez un point des séparateurs sur le banc et laissez l'autre point reposer contre le côté de la boîte où est indiquée la ligne pointillée B. Tout en tenant la canette à plat sur le banc, déplacez-la contre le point de séparation de telle manière que la ligne B soit tracée horizontalement autour des côtés et du fond de la canette.

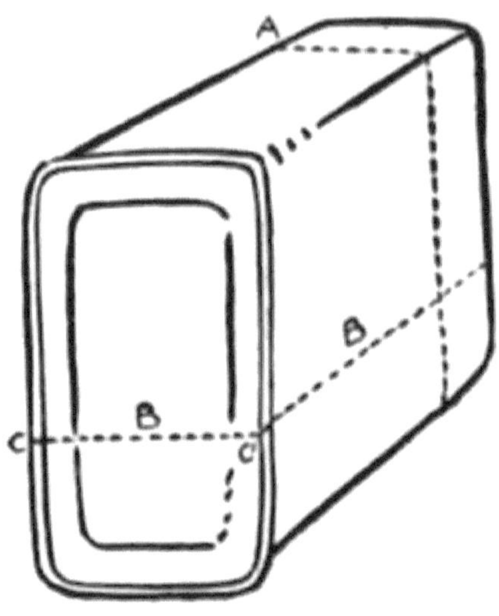

FIGURE 58.

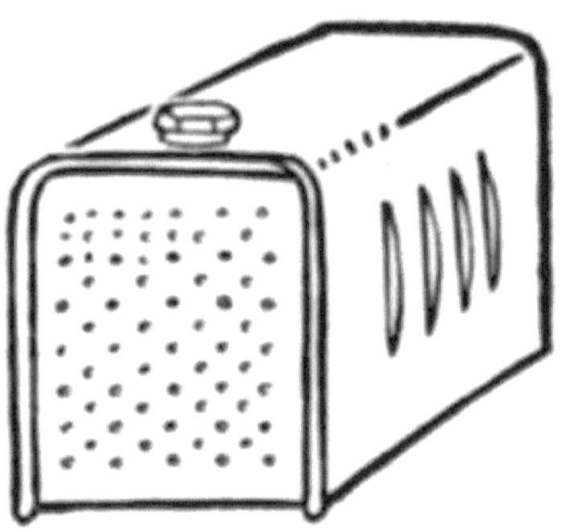

FIGURE 59.

Coupez la boîte jusqu'à la ligne A , puis prenez une petite lime à coins pointus et limez complètement le bord roulé aux coins marqués C *et* C *sur* la ligne B. Utilisez le bord de la lime et faites une coupe triangulaire. Ce limage simplifiera grandement la découpe du rebord roulé qui est difficile à découper avec la cisaille.

Ensuite, coupez le bord sur la ligne B , en coupant à partir de la ligne A . Pliez les deux moitiés de la boîte suffisamment loin pour laisser passer les cisailles et coupez le fond de la boîte sur la ligne pointillée B . Découpez très soigneusement pour que la partie de la boîte au niveau de la ligne B , formant le bas du capot, repose à plat sur le banc tout autour. S'il repose à plat sur le banc, il reposera à plat sur le cadre en tôle du camion où il doit être soudé en place.

La prochaine chose à faire est de percer les trous pour former le radiateur. L'avant de la hotte repose sur un bloc de bois et un poinçon très pointu doit être utilisé pour percer les trous, comme un pic à glace ou un clou très pointu.

Délimitez d'abord le radiateur en carrés réguliers, en utilisant la ligne déprimée que l'on trouve habituellement au fond de ce type de boîte comme ligne de démarcation des carrés. Divisez l'espace en carrés comme indiqué sur la Fig. 60, *A*, en laissant une bordure nette en étain tout autour de l'espace à perforer.

Trouvez un bloc de bois qui s'adaptera à l'intérieur du capot comme indiqué sur la Fig. 60 , *C* , et placez une extrémité de celui-ci dans l'étau. Assurez-vous que l'extrémité est sciée d'équerre avant de placer le capot dessus dans la position indiquée.

Prenez le poinçon et percez soigneusement les trous tels qu'ils sont marqués par les points sur la figure 60 , *A* , à chaque intersection de lignes. Percez ensuite un trou au centre de chaque carré, puis un trou doit être percé entre un trou sur deux sur toutes les lignes formant les carrés, voir Fig. 60 , *B* .

Il faut veiller à percer tous les trous de la même taille et à les disposer en rangées régulières. Cela donne un travail soigné et digne d'un ouvrier.

Couper les évents. — Des aérations peuvent être découpées de chaque côté du capot avec un ciseau bien aiguisé. Un vieux ciseau à bois ou de menuisier d'environ un pouce de large fera très bien l'affaire ou un ciseau à froid tranchant peut être utilisé.

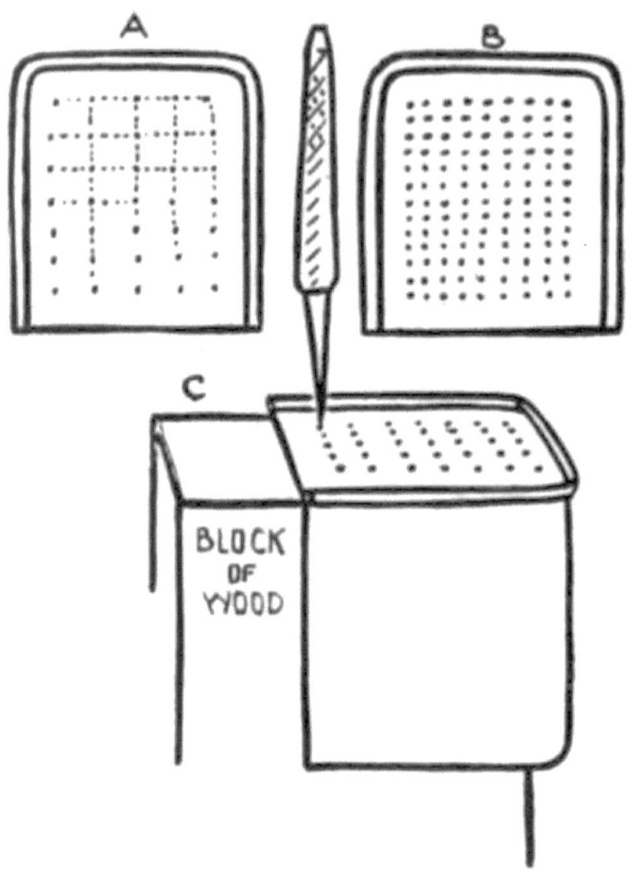

FIGURE 60.

Utilisez le même bloc de bois que celui utilisé pour percer le radiateur et placez-le horizontalement dans les mâchoires de l'étau de manière à ce qu'une quantité suffisante dépasse au-delà d'elles pour soutenir la hotte, comme indiqué sur la Fig. 61 .

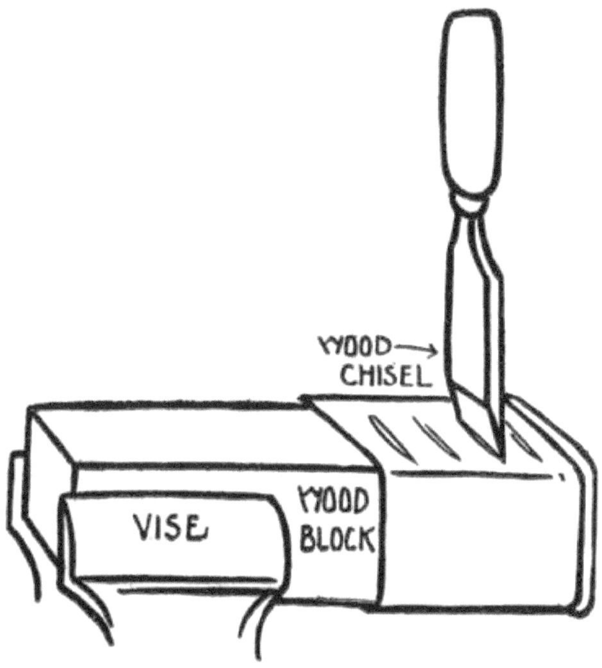

FIGURE 61.

Utilisez les séparateurs pour délimiter quatre ou cinq bouches d'aération et veillez à ce qu'elles soient disposées d'équerre avec la hotte. Essayez de trouver un ciseau aussi large que la longueur de l'évent, un bord tranchant de 1 pouce est à peu près correct. Placez le bord du ciseau bien en face sur la marque et martelez-le à travers l'étain avec plusieurs coups de maillet. Faites ces coupes très droites et parallèles les unes aux autres. Coupez les ouvertures d'aération des deux côtés du capot et le capot est alors prêt à recevoir le bouchon de remplissage soudé.

Souder le bouchon de remplissage. —Utilisez un bouchon à vis de grande taille d'un tube de dentifrice ou le bouchon d'un tube de pâte ou de peinture pour le bouchon de remplissage. Certains de ces bouchons sont de forme octogonale et portent diverses initiales estampées sur le dessus. Ils ressemblent beaucoup aux bouchons de remplissage utilisés sur les radiateurs des vraies automobiles.

Nettoyez toute pâte ou peinture de l'intérieur du capuchon, puis grattez le bord inférieur pour le nettoyer et le nettoyer. Ces capuchons sont généralement constitués d'une combinaison de métaux qui ressemble beaucoup à la soudure utilisée pour souder l'étain et ils fondront très facilement s'ils sont mis en contact avec un cuivre à souder, de sorte que le capuchon doit être soudé au capuchon par un chauffage indirect. méthode.

La pâte à souder est d'abord appliquée sur le dessus du capot, là où le capuchon doit être soudé, puis une petite flaque de soudure est appliquée sur l'étain à cet endroit avec un cuivre à souder chaud. La soudure est laissée refroidir puis le capuchon est mis en place sur la soudure après avoir appliqué un peu de pâte à souder sur son bord inférieur.

Chauffez le cuivre à souder très chaud et appliquez-le *à l'intérieur* du capot de manière à ce que la plus grande partie possible de la pointe repose *directement sous la flaque de soudure sur laquelle repose le capuchon* , Fig. 62 .

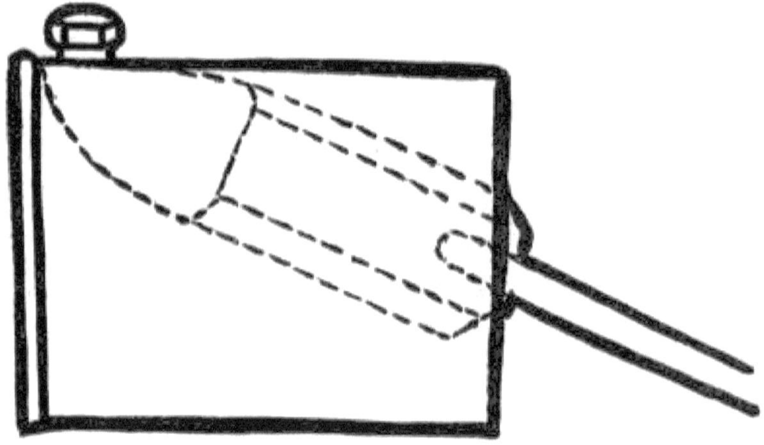

FIGURE 62.

Maintenez-le dans cette position jusqu'à ce que la flaque de soudure fonde et qu'une ligne brillante de soudure apparaisse autour de la base du capuchon, là où il repose sur le capot. Retirez le cuivre dès que la soudure fond et coule autour du capuchon et laissez la soudure durcir avant de déplacer le capot. Si le capuchon se déplace pendant que la soudure est en fusion, en raison du bouillonnement de la pâte à souder, il peut être immédiatement remis en place avec une allumette avant que la soudure ne durcisse.

Le capot deviendra très chaud avant que la soudure ne fonde sous le capuchon, mais il peut être facilement maintenu sur le banc en l'enroulant autour d'un chiffon pour protéger la main.

Une épaisse barre de fer carrée peut être chauffée jusqu'à ce qu'elle devienne rouge terne à son extrémité et utilisée à la place du cuivre à souder pour souder le capuchon. Le cuivre ou la barre de fer doivent être très chauds. Ils doivent être chauffés à une température beaucoup plus élevée que celle habituellement utilisée pour le brasage.

Lorsque le bouchon de remplissage est soudé en place, le capot est prêt à être soudé au cadre, mais le tableau de bord et le siège doivent être fabriqués avant que cela ne soit fait.

CHAPITRE XIII
Fabriquer un camion automatique jouet (*suite*)

LE TABLEAU DE BORD—LE SIÈGE—ASSEMBLAGE DU CAMION—RESSORTS—SOUDER LES ROUES SUR LES AXES—RONDELLES À BANDES

Le tableau de bord . — Le tableau de bord est la prochaine chose à faire, puis le siège. Le capot, le tableau de bord et le siège sont ensuite soudés au châssis. Quatre ressorts d'imitation sont ensuite réalisés et soudés au bas du cadre ; des trous y sont percés pour les essieux ; les roues et les essieux sont mis en place et le châssis du camion est terminé.

Le tableau de bord peut être constitué de deux manières ; une façon consiste à utiliser une partie d'une boîte à rebord roulé, le bord roulé formant le dessus, et l'autre consiste à replier trois bords d'un morceau de boîte de conserve et à en faire un tableau de bord. La première méthode semble meilleure, mais la dernière méthode est plus simple.

Sélectionnez une grande boîte à rebord roulé, mesurez $5\frac{1}{4}$ pouces le long du bord roulé et à partir de chaque extrémité de cette mesure, tracez une ligne de $2\frac{1}{4}$ pouces sur le côté de la boîte. Tracez ensuite une ligne autour de la boîte à $2\frac{1}{2}$ pouces du bord roulé et coupez la boîte jusqu'à cette ligne exactement comme vous couperiez une boîte jusqu'à n'importe quelle ligne, voir Fig. 63 .

Découpez ensuite le morceau de $2\frac{1}{2}$ sur $5\frac{1}{4}$ pouces, bord compris. Utilisez la pince à bec plat et cassez la boîte près du bord où la boîte a été ouverte pour la première fois avec l'ouvre-boîte, comme vous l'avez fait lors de la fabrication d'un seau. Martelez toute boîte de conserve laissée à côté du bord, puis placez le morceau de boîte de conserve sur le banc ou sur une enclume plate et aplatissez-le, le bord roulé et tout.

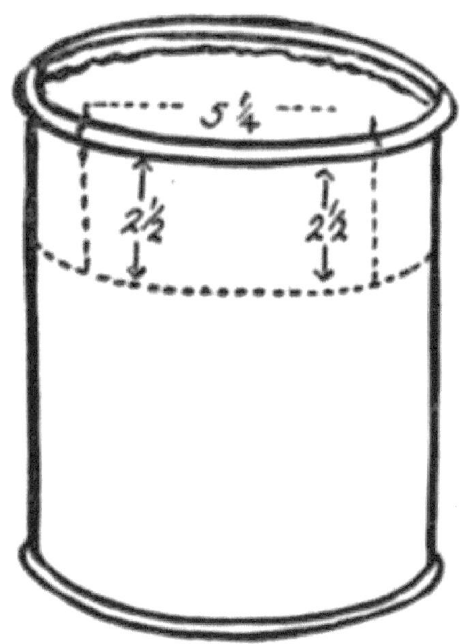

FIGURE 63.

Utilisez les séparateurs pour marquer ¼ de pouce le long des deux extrémités courtes de la pièce à angle droit par rapport à la jante, puis utilisez une lime pour couper ¼ de pouce à chaque extrémité de la jante roulée. Découpez chacune des lignes sombres *A A* jusqu'aux lignes *B* juste sous le bord roulé, Fig. 64 . Pliez ensuite le métal entre les lignes *B* et *C* pour donner un bord arrondi aux côtés du tableau de bord, comme indiqué sur la Fig. 65 .

Placez un morceau de barre de fer ronde ou un tuyau d'environ 1 pouce de diamètre dans l'étau et arrondissez sur chaque extrémité du tableau de bord de manière à ce que les bords pliés soient à l'intérieur, comme indiqué sur la Fig. 65, puis arrondissez les extrémités du tableau de bord . J'ai roulé le bord avec une lime plate pour le lisser et le tableau de bord est terminé.

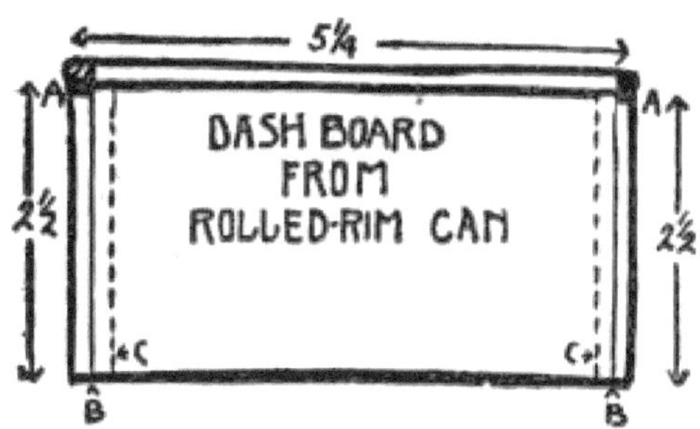

FIGURE 64.

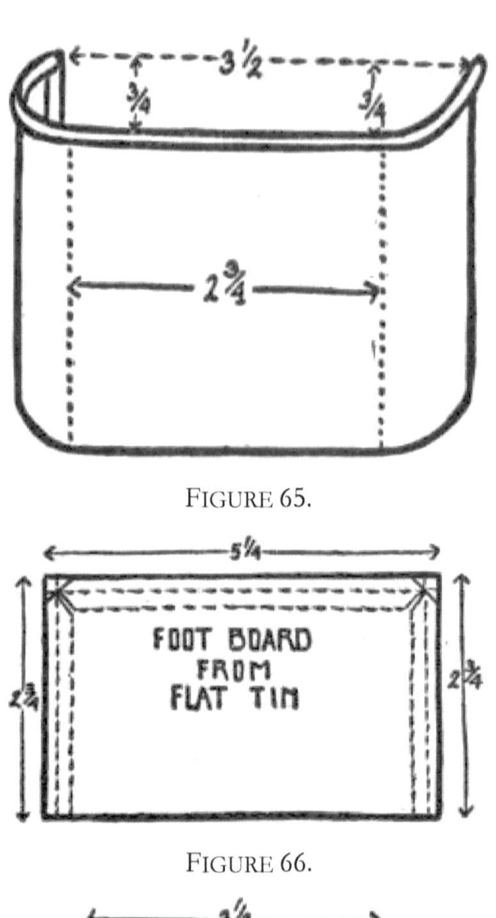

FIGURE 65.

FIGURE 66.

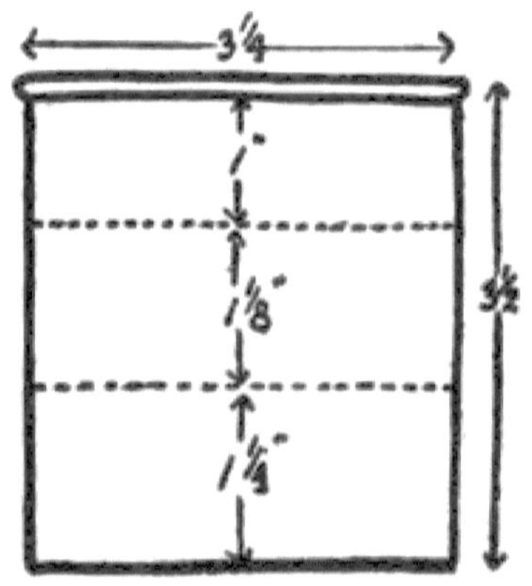

FIGURE 67.

Pour fabriquer un tableau de bord à partir d'un morceau de fer blanc plat, découpez un morceau de 2¾ sur 5¼ pouces. Réglez les séparateurs à ¼ de pouce et tracez une ligne à ¼ de pouce à l'intérieur des trois bords de la pièce.

Coupez deux coins en haut et pliez les rabats jusqu'à la ligne pointillée comme indiqué sur la Fig. 66 . Arrondissez les extrémités du tableau de bord comme décrit ci-dessus et aux mêmes dimensions.

Le siège. — Un siège très simple peut être fabriqué pour le camion avec trois morceaux de fer blanc. Utilisez un morceau de fer blanc avec le bord roulé en haut comme pour fabriquer le tableau de bord. Coupez un morceau de fer blanc de $3\frac{1}{4}$ sur $3\frac{1}{2}$ pouces, pliez deux des côtés exactement comme vous l'avez fait pour le tableau de bord et coupez le bord roulé jusqu'à ce qu'il soit au même niveau que les côtés après l'avoir retourné et arrondissez les extrémités du bord roulé avec un fichier.

Utilisez les séparateurs pour marquer deux lignes parallèles au bord roulé, une ligne de 1 pouce et l'autre de $2\frac{1}{8}$ pouces, comme indiqué sur la figure 67 par les lignes pointillées. Pliez la pièce sur un bloc comme indiqué jusqu'à ce qu'elle ait la forme du siège illustré à la Fig. 68 .

Coupez deux morceaux de fer blanc de $1\frac{3}{8}$ sur $1\frac{1}{4}$ pouces. Tracez une ligne à $\frac{1}{4}$ de pouce des extrémités de l'un des côtés courts de chaque pièce et pliez cette partie à angle droit, Fig. 68 , *A* . Ces deux pièces doivent être glissées sous chaque extrémité du siège et soudées dessus puis découpées avec les cisailles jusqu'à ce que tout le bord inférieur du siège repose à plat sur le cadre où il doit être soudé.

Les deux pièces latérales ou supports sont volontairement trop longs pour pouvoir être coupés après avoir été soudés au siège. Le capot, le tableau de bord et le siège doivent être soudés en place.

Assemblage du camion. — Réglez les séparateurs à $\frac{1}{4}$ de pouce et tracez une ligne à $\frac{1}{4}$ de pouce de l'extrémité avant du cadre. Placez l'avant de la hotte parallèlement à cette ligne et veillez à ce que la hotte soit placée exactement au milieu du cadre ; qu'il soit réglé à la même distance du côté de la hotte au côté du cadre de chaque côté. Soudez le capot en place.

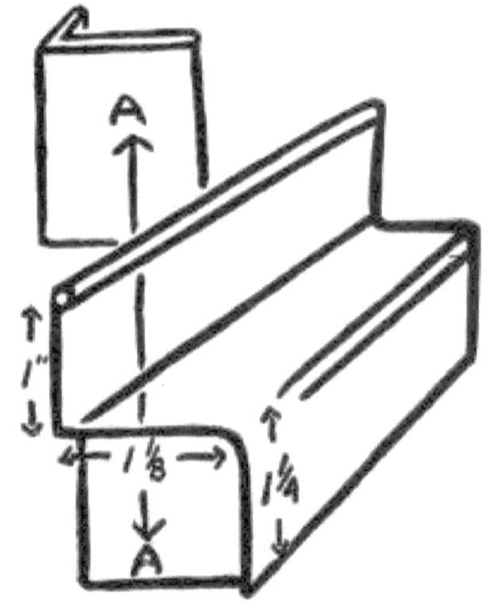

FIGURE 68.

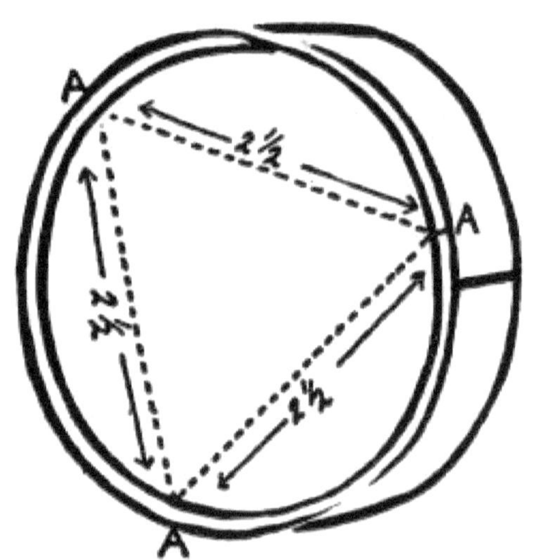

FIGURE 69.

Lors de la soudure de la hotte au cadre, il est préférable de poser le cadre sur un bloc de bois afin que le bloc supporte le cadre qui se trouve directement sous la hotte lors de la soudure de la hotte au cadre.

Le bloc empêchera l'étain de gonfler à cause de la chaleur du cuivre et de la pression de la main lors du maintien du capot en place pour le souder.

Placez le tableau de bord à l'arrière du capot et vérifiez qu'il est bien en place contre le capot ainsi que le cadre, puis soudez-le en place. Si chaque joint est bien ajusté avant d'essayer de le souder, aucun problème ne devrait survenir, mais parfois une fissure se développera en raison de l'expansion de l'étain sous la chaleur du cuivre à souder. Ces fissures peuvent être comblées avec de la soudure en appliquant une bande de soudure contre la pointe du cuivre chaud lors du brasage. Cela fait couler beaucoup de soudure dans la fissure et la remplit.

Soudez le siège en position de sorte que l'avant du siège soit à environ 1 pouce des extrémités du tableau de bord.

Ressorts. — Des trous peuvent être percés sur les côtés du châssis et les essieux les traversent si l'on veut fabriquer un camion très simple, mais des ressorts d'imitation peuvent être facilement fabriqués à partir d'une partie des côtés et du fond d'une boîte de conserve. Ces ressorts surélèvent le châssis du camion au-dessus des essieux et lui donnent un aspect plus réaliste.

Coupez deux boîtes de conserve de trois pouces jusqu'à ⅜ pouce de hauteur. Retournez ces boîtes de bas en haut et placez la règle sur le bord de chaque boîte de manière à mesurer 2½ pouces d'un bord à l'autre. Ensuite, mesurez encore 2½ pouces sur chaque bord, comme indiqué sur la Fig. 69 . Limez les bords en AA, puis coupez directement les côtés de la boîte en AA. Un qui devrait vous donner trois ressorts de chaque boîte.

Soudez deux ressorts au bas et sur le côté du cadre à ½ pouce de l'extrémité avant et les deux ressorts arrière doivent être soudés à 1 pouce de l'extrémité arrière.

Utilisez un pic à glace pour percer un trou dans chaque ressort pour recevoir l'essieu et assurez-vous que ces trous sont tous à la même distance du haut du cadre (utilisez les séparateurs pour le déterminer), et également que chaque trou est carré en face de le trou de l'essieu opposé (utilisez l'équerre d'essai pour le déterminer).

Les trous d'essieu doivent être percés avec un pic à glace et être légèrement plus grands que le fil d'essieu afin que le fil d'essieu s'insère très librement dans le trou, mais assurez-vous que tous les trous ont la même taille.

Souder les roues sur les essieux. — Les axes métalliques doivent être coupés suffisamment longs pour traverser entièrement chaque roue et le châssis et permettre une distance de ¼ de pouce entre le châssis du camion et chaque roue. La longueur des essieux peut être facilement déterminée en plaçant le châssis du camion à plat sur le banc et en plaçant les deux roues en position, chaque roue devant dépasser de ¼ de pouce du côté du camion.

Mesurez la distance avec une règle entre le bord extérieur d'une roue et le bord extérieur de l'autre et ajoutez ⅛ de pouce à cette distance, voir Fig. 70 . Coupez les deux axes de fil à cette mesure et vérifiez qu'ils sont parfaitement droits après la coupe.

Placez une extrémité d'un essieu dans une roue jusqu'à ce que son extrémité dépasse de l'extérieur de la roue d'environ ⅟₁₆ de pouce. Mettez un peu de pâte à souder sur l'extrémité de l'essieu et sur la roue à côté de l'essieu et utilisez un cuivre à souder bien chauffé pour souder la roue à l'essieu.

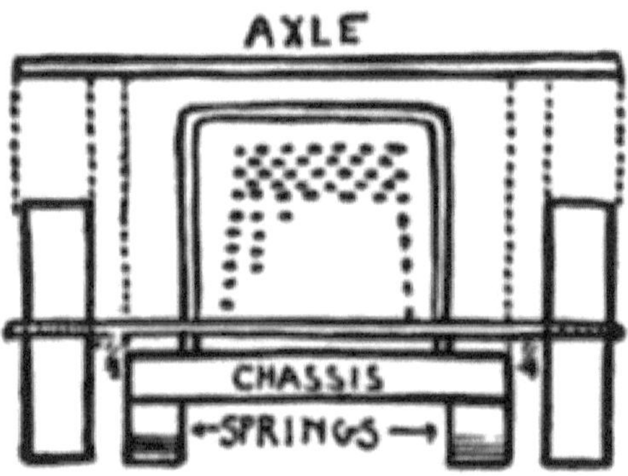

FIGURE 70.

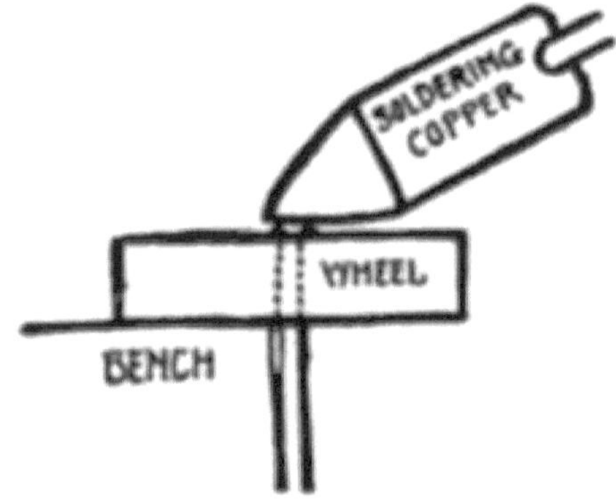

FIGURE 71.

Pour ce faire, placez la roue à plat sur le bord du banc de manière à ce que le trou de l'essieu soit juste au-dessus du bord et que l'essieu puisse être maintenu contre le côté du banc. Maintenez fermement la roue et l'essieu dans cette position et posez le cuivre à souder chaud, bien chargé en soudure, sur l'extrémité du fil d'essieu juste au-dessus de la roue.

L'extrémité de l'essieu chauffera très rapidement et la soudure devrait couler et former une flaque autour de l'essieu lorsque la partie de la roue située à côté de l'essieu sera chauffée jusqu'au point d'écoulement de la soudure. L'extrémité de l'essieu ne doit pas dépasser de plus de ¹⁄₁₆ de pouce au-delà de la roue et le cuivre à souder doit être complètement chauffé et bien chargé de soudure, voir Fig. 71 .

Les roues ne doivent être soudées à l'essieu que sur un côté de chaque roue si les trous pour l'essieu s'y adaptent très bien.

Une autre méthode pour maintenir la roue en position sur l'essieu pendant la soudure consiste à percer un trou exactement de la même taille que l'essieu à travers un bloc de bois assez épais et à pousser l'essieu à travers ce trou jusqu'à ce qu'il dépasse juste assez pour que lorsque la roue est glissée dessus, ¹⁄₁₆ pouce de l'essieu dépassera de la roue. Le bloc de bois peut ensuite être placé dans l'étau et la roue glissée sur l'essieu et soudée à celui-ci. Le trou percé à travers le bloc doit être percé perpendiculairement à la face du bloc où la roue doit reposer. Un trou peut être percé à angle droit par rapport à une surface en bois ou en métal à l'aide d'un établi ou d'une perceuse à poteau si vous en avez un. Les roues peuvent être réglées très précisément sur l'essieu par cette dernière méthode.

Lorsqu'une roue est soudée à chaque essieu, mettez-les de côté et fabriquez des rondelles pour les essieux avant de souder les deux roues restantes. Ces rondelles sont placées sur les essieux entre le châssis et chaque roue pour empêcher les roues de heurter le camion.

de bande . — Ces rondelles peuvent être fabriquées à partir d'étroites bandes d'étain enroulées autour des axes comme un ressort d'horloge étroitement enroulé.

Coupez une bande d'étain de ³⁄₁₆ de pouce de large et 8 pouces de long. Prenez une paire de pinces à bec rond et pliez une extrémité selon une courbe prononcée qui s'adapte au fil de l'essieu. Maintenez la partie incurvée de l'étain sur l'axe avec la pince à bec plat et enroulez l'étain autour du fil en une bobine droite en prenant une nouvelle fois la bande d'étain avec la pince à chaque fois que l'étain est enroulé. Enroulez la boîte autour de l'essieu quatre fois, puis coupez la boîte restante et utilisez-la pour fabriquer les trois autres rondelles, voir Fig. 72 .

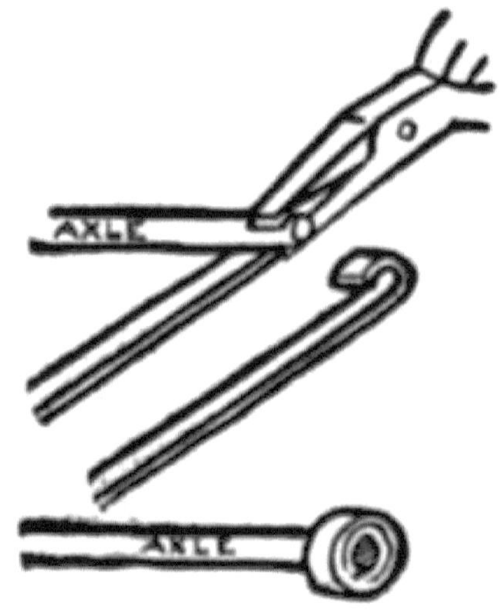

FIGURE 72.

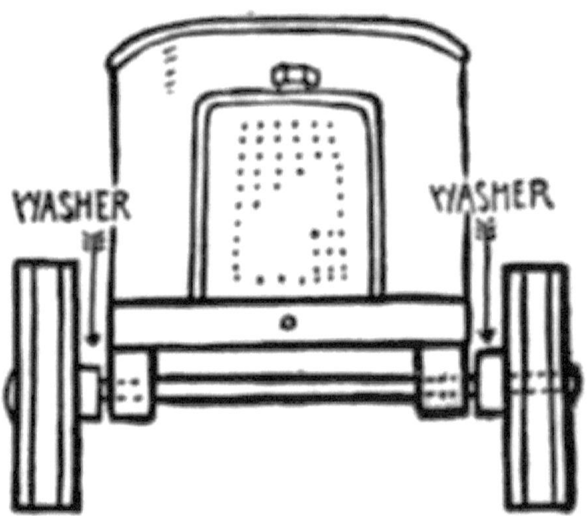

FIGURE 73.

Glissez une rondelle sur l'un des axes à côté d'une des roues qui y est soudée ; puis poussez l'essieu à travers les trous d'essieu des ressorts, puis placez une autre rondelle dessus avant de placer une autre ou une deuxième roue sur l'essieu.

Les rondelles ne sont pas soudées en place mais simplement laissées desserrées sur l'essieu.

La deuxième roue est placée sur l'essieu et soudée dessus comme l'était la première roue. Le camion peut être placé sur le côté pour amener la deuxième roue dans une position pratique pour le soudage. Assurez-vous que l'essieu tourne facilement dans les trous d'essieu et qu'il y a suffisamment d'espace pour les rondelles entre les côtés du cadre et la roue avant de souder la deuxième roue en place. La deuxième roue peut être soudée sur le deuxième essieu de la même manière et le châssis est alors terminé et prêt à rouler, voir Fig. 73 .

Diverses carrosseries peuvent être placées à l'arrière du châssis et un volant, une manivelle et des lumières peuvent être ajoutés une fois le projet terminé avec succès, et ceux-ci seront décrits dans le chapitre suivant.

Ne vous découragez pas si vous avez réussi à mettre plus de soudure sur le camion que nécessaire, car elle pourrait être grattée comme décrit au chapitre XXI, page 200 .

CHAPITRE XIV

CARROSSERIE DE CAMIONS—DIFFÉRENTS TYPES DE CARROSSERIE À MONTER SUR LE MÊME CHÂSSIS—LE CAMION-CITERNE—L'arroseur de rue—LE CAMION À CHARBON OU SABLE—LE CAMION DE L'ARMÉE—L'AMBULANCE—LE MOTEUR DE POMPIERS

Une carrosserie permanente d'un certain type peut être soudée directement à la partie arrière du châssis ou des glissières peuvent être soudées à la partie arrière du châssis et différents types de carrosseries de camion sont disposés pour s'insérer dans ces glissières de sorte qu'un châssis puisse être disposé pour détiennent un certain nombre d'organismes différents. Un camion à charbon peut être transformé en camion-citerne et d'un camion-citerne en camion militaire ou en ambulance, etc.

Une cabine de conduite peut être installée sur le siège et un certain nombre de détails réalistes peuvent être ajoutés au camion, limités uniquement par la capacité du constructeur.

La carrosserie du wagon est la plus simple à réaliser, car elle peut être réalisée à partir d'une boîte carrée aux coins arrondis. Les bidons de deux litres ou gallons contenant de l'huile d'olive ou de cuisson constituent des carrosseries de camion très réalistes. La carrosserie du camion militaire présentée sur le frontispice était fabriquée à partir d'un bidon de deux litres ayant contenu une huile de cuisson d'une marque très connue.

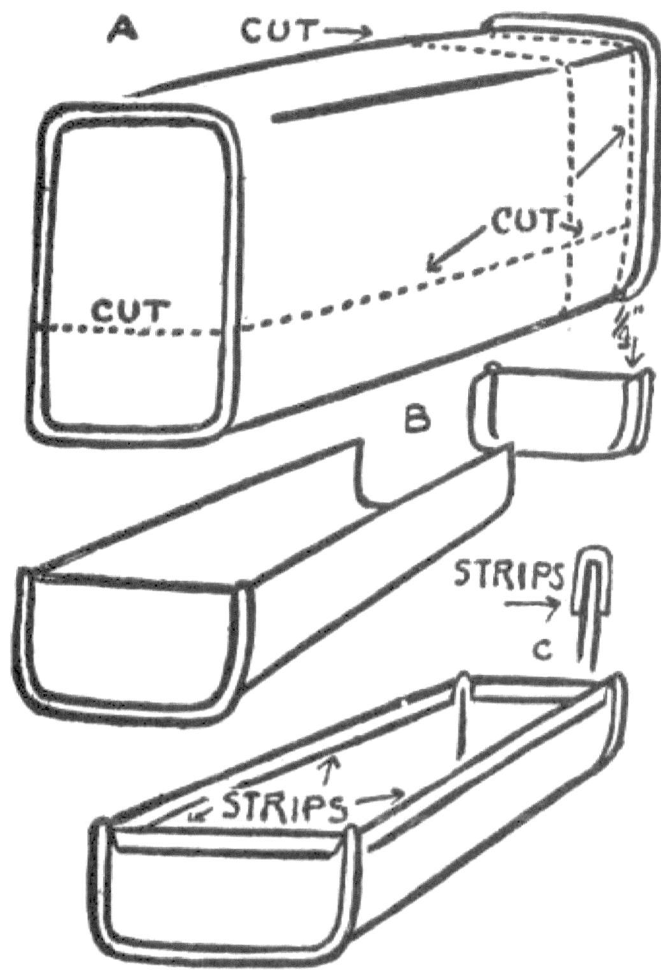

FIGURE 74.

Le but est de trouver une boîte rectangulaire qui fait à peu près la largeur du châssis afin que le dessus des roues la dégage bien. Coupez la boîte en deux dans le sens de la longueur, à l'aide de la lime, coupez les bords arrondis ou roulés, voir Fig. 74 , *A* .

La boîte sera probablement trop longue pour un corps bien proportionné et devra être coupée à une longueur appropriée, environ 7 pouces. Les carrosseries des camions surplombent généralement le châssis. Étudiez quelques-uns des gros camions vus dans les rues, car certains d'entre eux sont remarquablement faciles à reproduire.

Si la boîte doit être raccourcie, utilisez un ouvre-boîte ou des cisailles doubles et coupez autour de la boîte à 1 pouce de chaque extrémité jusqu'à ce qu'une extrémité de la boîte soit complètement coupée, puis coupez l'extrémité la plus courte à ¼ de pouce sur le côté . , en laissant une grande partie du côté de la boîte afin qu'elle puisse être glissée à l'intérieur de l'autre partie ou de la plus grande partie de la boîte lorsque cette partie de la boîte est coupée à une longueur appropriée, lorsque l'extrémité la plus courte est soudée en place pour former le extrémité du corps, voir Fig. 74 , B .

Lorsqu'une extrémité est coupée de la boîte, coupez la boîte en deux dans le sens de la longueur pour que la partie à utiliser mesure environ 1½ pouce de haut, puis coupez l'extrémité la plus courte pour qu'elle mesure également 1½ pouce de haut pour correspondre à l'autre partie de la boîte. le corps. Insérez ensuite l'extrémité de la boîte et soudez-la en place.

Coupez quatre bandes de fer blanc de ½ pouce de largeur, deux d'entre elles aussi longues que les deux côtés de la boîte et deux aussi longues que les extrémités et repliez ces bandes pour protéger les bords supérieurs du corps, comme vous l'avez fait pour les bords inférieurs du châssis. Soudez ces bandes en place et la carrosserie est terminée et prête à être soudée au camion, voir Fig. 74 , C .

Différents types de carrosseries à monter sur le même châssis. — La caisse décrite ci-dessus peut être soudée directement au châssis du camion ou à une bande d'étain et disposée de manière à glisser sur le châssis entre deux glissières en étain pliées. Ces glissières sont soudées directement au châssis à l'arrière du siège et aux différents types de carrosseries disposés pour s'adapter entre elles, utilisant ainsi le même châssis pour autant de types de carrosseries différents qu'on veut en fabriquer.

Les glissières fixes doivent être constituées de deux bandes d'étain de ½ pouce aussi longues que l'arrière ou le plancher du châssis, soit environ 6 pouces. Ces bandes sont repliées en forme de gouttière, tout comme les bandes utilisées pour protéger le bord inférieur du châssis du camion, mais les bandes pliées utilisées pour les glissières sont laissées un peu plus ouvertes, environ ⅛ de pouce entre les bords, de sorte que lorsqu'elles sont soudées à Dans le camion, une bande de fer blanc peut être facilement glissée entre eux, comme le montre la Fig. 75 .

Une bande plate d'étain devra être découpée aussi longue que les deux glissières et d'une largeur telle qu'elle s'insérera facilement dans les glissières soudées au camion pour la recevoir. Des précautions doivent être prises lors du soudage des glissières au camion pour qu'elles soient parallèles aux côtés

du cadre et également parallèles les unes aux autres, comme indiqué sur la
Fig. 75 .

Plusieurs traverses peuvent être constituées d'étain plié et peuvent être
soudées à la pièce plate d'étain qui doit glisser entre les glissières. La
carrosserie du camion doit être soudée à ces traverses afin que la carrosserie
dégage les glissières fixes une fois mise en place.

Ces traverses ou supports de carrosserie se trouvent généralement sous les
carrosseries des gros camions et ajoutent une touche très réaliste au modèle.
Ils doivent être juste assez longs pour dégager les bords des diapositives fixes
lorsqu'ils sont fixés à la bande plate d'étain.

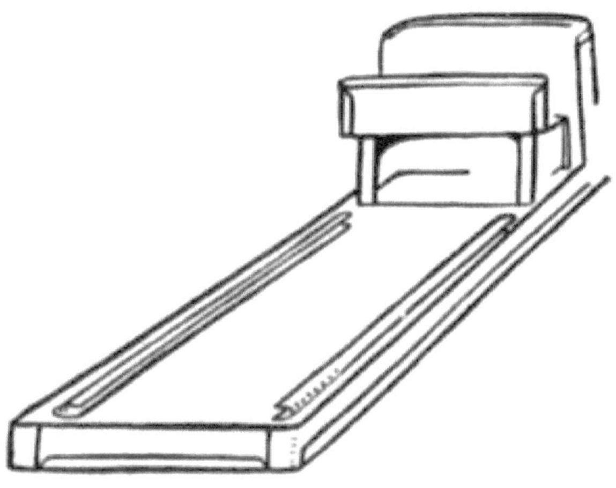

FIGURE 75.

Coupez trois morceaux d'étain de 1¼ pouces de large et suffisamment longs
pour faire les traverses, environ 3 pouces (assurez-vous de cette mesure par
vous-même). Tracez une ligne à ⅜ de pouce de chacun des côtés longs des
trois pièces, puis rabattez deux côtés de chaque pièce à partir des lignes
tracées, créant ainsi trois traverses ou supports, comme indiqué sur la Fig .
Soudez-les à la bande plate d'étain qui doit s'insérer entre les glissières fixes.
La carrosserie du camion doit être soudée à ces trois supports.

Une canette ronde avec le couvercle soudé fera un camion-citerne très
satisfaisant. Une partie d'une petite boîte, telle qu'une boîte de poudre
dentaire, peut être soudée au sommet du réservoir pour un dôme de
remplissage et des robinets imitations faits de fil de fer ou de crochets en
laiton peuvent être soudés à l'arrière du réservoir et un petit la livraison peut
être facilement réalisée et accrochée aux robinets comme le montre la
planche XIII .

FIGURE 76.

Six types différents de carrosseries de camion pouvant être fixées au châssis sont illustrés à la Fig. 77 .

Le camion-citerne . — Le camion-citerne est fabriqué à partir d'un bidon d'huile de cuisson rectangulaire avec une partie d'un petit bidon soudée au sommet. Les robinets sont constitués de morceaux de fil galvanisé pliés en biais.

L' arroseur de rue. — L'arroseur de rue peut être fabriqué à partir d'une grande boîte ronde, comme une boîte de mélasse ou de sirop, dont le couvercle est soudé pour le rendre étanche. Un trou est découpé dans le haut de la boîte et le dessus, ou l'extrémité ouverte, d'une petite boîte de soupe est soudé sur le trou. Les tubes d'arrosage sont constitués de bandes d'étain enroulées autour d'un gros clou puis soudées ensemble.

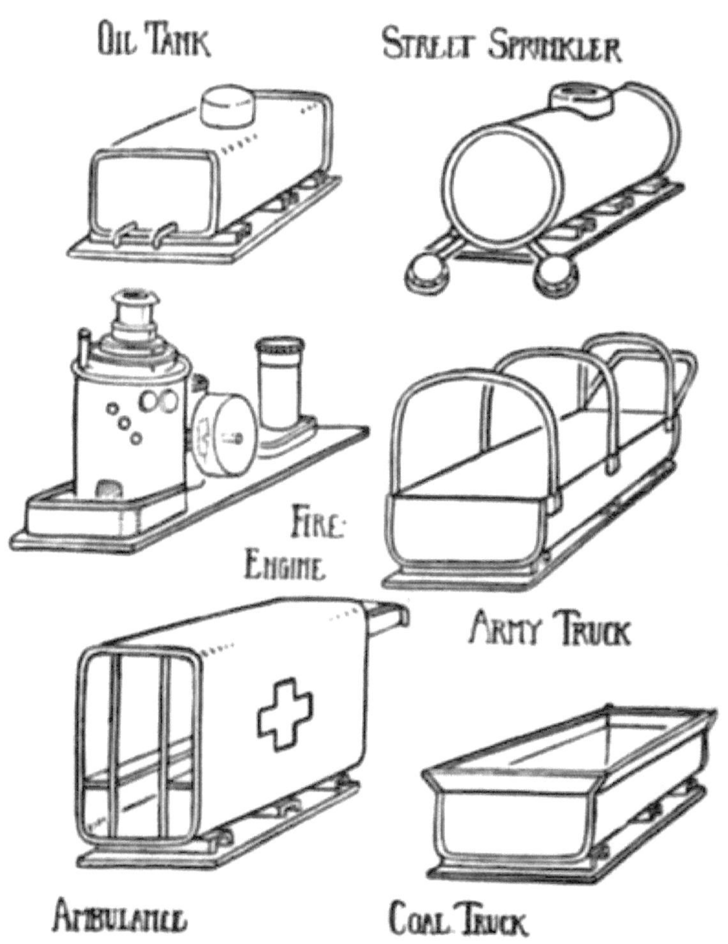

FIGURE 77.

PLAQUE XIII

Camion-citerne à mazout fabriqué par Mlle Nell Guilbert , Teachers College

Jouet Ford réalisé par l'auteur

Vue arrière du jouet Ford réalisé par l'auteur. Les pneus sont faits d'anneaux de dentition

PLAQUE XIV

Red Cross ambulance made by Miss Frances Jones

Rear of Red Cross ambulance made by Miss Jones

Ambulance de la Croix-Rouge réalisée par Miss Frances Jones

Arrière de l'ambulance de la Croix-Rouge réalisée par Miss Jones

Les extrémités des arroseurs sont constituées de petites boîtes métalliques rondes percées de minuscules trous sur la face inférieure . Un trou est percé dans le haut de chaque boîte ronde et les extrémités des arroseurs sont soudées aux tubes et les tubes soudés au réservoir qui comporte des trous percés pour admettre l'eau dans les tubes de telle manière que l'eau contenue dans le réservoir s'écoulera du réservoir dans les tubes et hors des trous d'arrosage percés dans les petites boîtes. Ces petites boîtes ou extrémités d'arroseurs peuvent être constituées de boîtes de punaises ou de deux bouchons de bouteilles soudés ensemble, mais la partie froissée doit être découpée des bouchons de bouteilles avant le soudage.

Le camion de charbon ou de sable. — La carrosserie du camion à charbon ou à sable est constituée de moins de la moitié d'un bidon d'huile de cuisson rectangulaire, le haut de chaque côté évasé et des pièces supplémentaires installées à chaque extrémité de manière à s'insérer dans les côtés évasés et à chaque extrémité. Tous les bords tranchants doivent être repliés ou les bandes d'étain supplémentaires pliées doivent être repliées et placées sur les bords de la carrosserie du camion.

Le camion de l'armée. — La carrosserie du camion militaire est fabriquée à partir d'une partie d'un bidon d'huile de cuisson. Le fil galvanisé de petit diamètre est plié en forme de cerceau et soudé sur les côtés. Ces cerceaux peuvent être recouverts d'un tissu de couleur kaki comme celui représenté sur le gros camion militaire en frontispice ; un mouchoir de couleur kaki constituera une excellente couverture pour un petit camion.

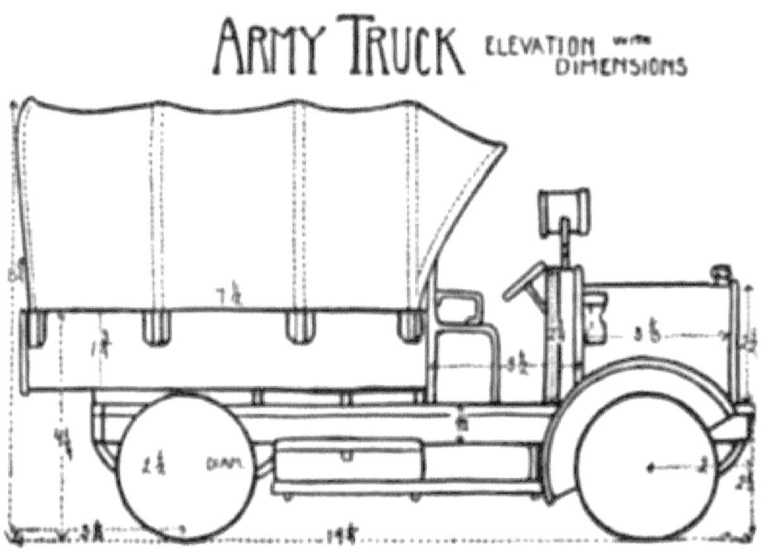

FIGURE 78.

L' ambulance. — Le corps de l'ambulance peut être fabriqué à partir d'un grand bidon d'huile de cuisson. Les deux extrémités sont découpées dans la boîte et le surplus de boîte est coupé. Un côté de la boîte est coupé et un morceau plat d'étain soudé sur le côté ouvert de la boîte pour former le plancher de l'ambulance. Un capot destiné à recouvrir le siège du conducteur est fabriqué à partir du côté incurvé de la boîte découpé pour former le plancher de la carrosserie. Deux bandes d'étain peuvent être soudées sur le côté du corps pour former des sièges ou des civières et deux morceaux de fil galvanisé peuvent être soudés aux sièges ainsi qu'au plancher et au toit du corps pour former des poignées. La marche arrière peut être constituée d'un morceau de fer blanc plié et de deux morceaux de fil galvanisé, comme illustré. Une touche réaliste peut être donnée à l'ambulance en confectionnant un petit rideau en cuir de voiture et en le fixant à l'arrière du toit afin qu'il puisse être enroulé et fixé en place.

Le camion de pompiers. — La chaudière du camion de pompiers peut être fabriquée à partir d'une boîte de conserve de tomates avec plusieurs couvercles de boîtes de tailles différentes soudés au fond pour former la hotte de fumée et d'un cylindre d'étain soudé aux couvercles pour former une cheminée. Le sommet évasé de la cheminée peut être constitué du petit couvercle central que l'on trouve parfois aux extrémités des boîtes rondes. Ce petit couvercle ou scellant peut être fondu, le centre coupé, puis soudé au sommet de la cheminée. La jauge à vapeur et la jauge à eau peuvent être constituées des bouchons à vis des bidons d'huile de cuisson. Le verre à eau peut être constitué d'un petit morceau de fil galvanisé et d'essais de rivets soudés à la chaudière. Les rivets peuvent être maintenus en place lors du soudage par une paire de pinces.

La plateforme de la chaudière peut être constituée d'une boîte de sardines. Les cylindres du moteur et de la pompe peuvent être constitués de boîtes de ruban adhésif ou de bandes d'étain enroulées sous forme cylindrique et dont les extrémités sont soudées en place. La roue du moteur peut être fabriquée à partir d'un bidon de lait évaporé. La chambre à air peut être fabriquée à partir d'une boîte de bâtons de rasage nickelée ou d'une boule de tringle à rideau en laiton. Le sifflet peut être fabriqué à partir d'une douille de cartouche .22 usagée, etc.

CHAPITRE XV
Fabriquer un camion automatique jouet (*suite*)

LA MANIVELLE DE DÉMARRAGE—LE VOLANT ET LA COLONNE—GARDE-BOUE ET MARCHEPIEDS—LUMIÈRES, BOÎTES À OUTILS, CORNES, ETC.—CABINES DU CONDUCTEUR

Divers accessoires peuvent être ajoutés au camion, ce qui ajoute beaucoup à l'apparence générale et rend le camion très réaliste.

La manivelle de départ. — Une manivelle de démarrage peut être constituée d'un morceau de fil galvanisé plié en forme de manivelle et placé en position à travers des trous percés à cet effet devant le cadre et à travers une pièce supplémentaire soudée sous le cadre.

Coupez un morceau de fil galvanisé d'environ 5 pouces de longueur. Un fil assez lourd sera plus beau qu'un fil fin lorsqu'il est transformé en manivelle. Marquez 1 pouce d'une extrémité du fil, puis faites une autre marque à 1 pouce de celle-ci. Placez le fil dans les mâchoires de l'étau de manière à ce que la première marque soit parallèle au haut des mâchoires. Utilisez un marteau pour plier le fil à angle droit, puis déplacez le fil jusqu'à la deuxième marque et pliez à nouveau le fil à angle droit de manière à produire une forme de manivelle comme indiqué sur la Fig. 79 .

Utilisez un pic à glace pour percer un trou à l'avant du châssis du camion et faites-le suffisamment grand pour que la manivelle puisse y tourner librement.

Coupez un morceau d'étain de ¾ sur ¾ pouces et pliez-le sur ¼ de pouce à une extrémité et percez un trou pour insérer le fil de manivelle au centre du plus grand côté de cette pièce et soudez-le en position directement à l'arrière du trou percé à l'avant. du cadre et dans une position telle que l'extrémité du fil de manivelle dépasse d'environ ¼ de pouce au-delà de la petite pièce angulaire soudée au cadre, comme le montre la Fig. 80 .

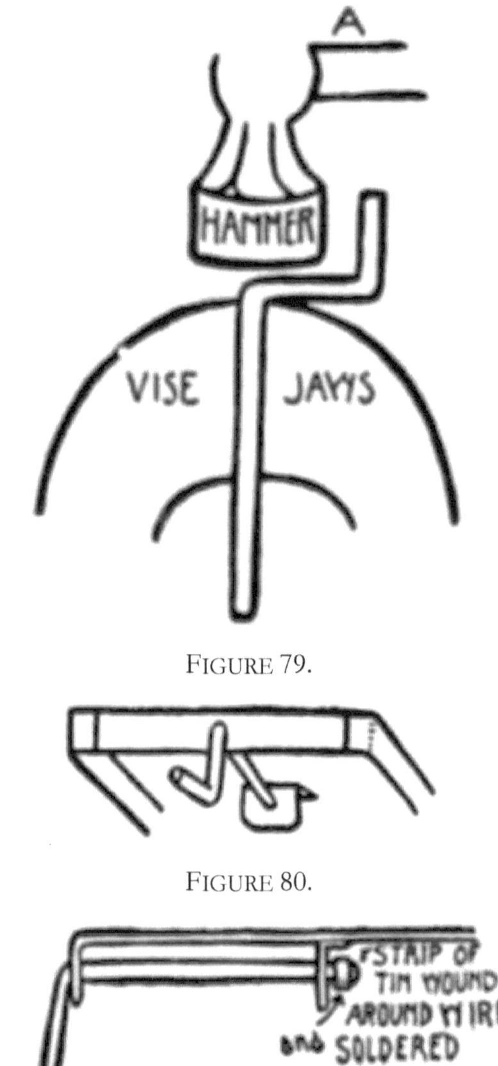

FIGURE 79.

FIGURE 80.

FIGURE 81.

Enroulez une étroite bande d'étain autour de l'extrémité droite saillante du fil de manivelle et soudez-la en place, la soudure étant appliquée à l'extrémité du fil et à l'extrémité de la bande d'étain enroulée en même temps, fig. 81 .

Le volant et la colonne. — Un volant peut être constitué d'un vieux pignon d'horlogerie dont les dents ont été coupées, ou un petit couvercle de boîte de conserve peut être utilisé à la place. La colonne du volant peut être constituée d'un morceau de fil galvanisé épais.

Les roues dentées d'horloge sont généralement fixées à un arbre court en acier, mais elles peuvent être facilement chassées de l'arbre en plaçant l'arbre de la roue dans les mâchoires de l'étau de manière à ce que la roue soit au-dessus des mâchoires de l'étau, puis en donnant quelques légers coups de marteau dirigés vers le haut. à l'extrémité supérieure de l'arbre desserrera la roue et pourra être facilement retirée. Les mâchoires de l'étau doivent maintenir l'arbre très lâchement lorsqu'il est extrait de la roue.

Utilisez les cisailles à métaux pour couper les dents de l'engrenage et une lime plate et lisse pour limer la rugosité laissée au bord de la roue.

Trouvez un morceau de fil galvanisé qui s'insère dans le trou de la roue de l'horloge ou limez un morceau plus gros jusqu'à ce qu'il rentre. Le fil doit dépasser légèrement de la roue et y être soudé exactement de la même manière que la roue d'une boîte de conserve est soudée à un axe. Le fil sur lequel l'appareil à gouverner est soudé doit être suffisamment long pour traverser le tableau de bord, le capot et le cadre, si le volant doit tourner. Une bande d'étain est enroulée autour du fil sous le cadre, comme le montre la Fig. 82 . Ceux-ci sont soudés au fil pour le maintenir en position tout en lui permettant de tourner librement dans les trous.

Garde-boue et marchepieds . — Les garde-boue peuvent être fabriqués à partir d'une partie du côté et du fond d'une boîte, comme le montre la Fig. 83 . Une canette de 3 pouces est la meilleure taille à utiliser pour le camion. La canette est coupée à une hauteur de 1⅛ pouces, puis coupée en deux parties sur le fond afin que deux garde-boue puissent être fabriqués à partir de chaque canette. Les bords extérieurs sont tournés comme pour fabriquer un plateau et les pièces pliées sont glissées sur les extrémités comme le montre la Fig. 83 . Ces garde-boue sont soudés au cadre dans la position indiquée.

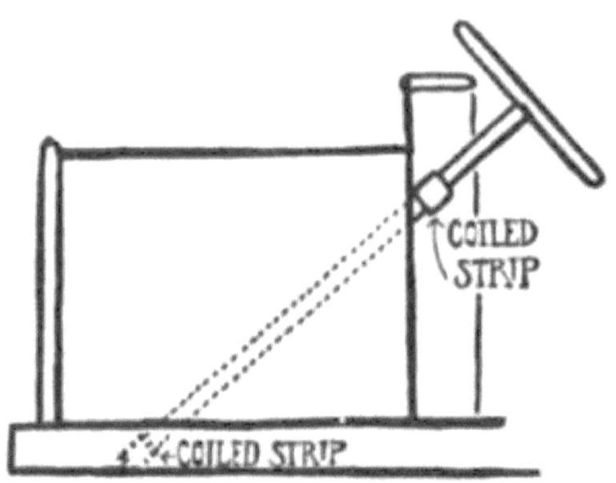

FIGURE 82.

Les marchepieds peuvent être constitués de deux morceaux d'étain, chaque morceau devant être coupé de 1¼ pouce de large et aussi long que souhaité. Les quatre pièces sont chacune rabattues de ⅛ de pouce sur les côtés longs et deux pièces sont ajustées l'une sur l'autre pour former un marchepied, comme le montre la Fig. 84 . Deux ou trois supports peuvent être constitués de fil galvanisé pour les marchepieds. Ces supports s'étendent sur tout le châssis du camion et une extrémité de chaque support est soudée à chaque marchepied. Une extrémité de chaque marchepied est généralement soudée à chaque garde-boue.

FIGURE 83.

Lumières, klaxons, etc. — Les phares peuvent être constitués de boîtes à punaises, de capsules de bouteilles ou du dessus de boîtes de poudre dentaire.

Les fenêtres latérales peuvent être fabriquées à partir des bouchons à vis des bidons d'huile de cuisson ou de la partie cylindrique des couvercles des bidons de poudre dentifrice .

Les feux arrière peuvent être constitués de bouchons à vis de bidons d'huile de cuisson.

Les projecteurs peuvent être constitués de boîtes de ruban adhésif de la plus petite taille montées sur des standards appropriés en fil galvanisé ou en bandes d'étain.

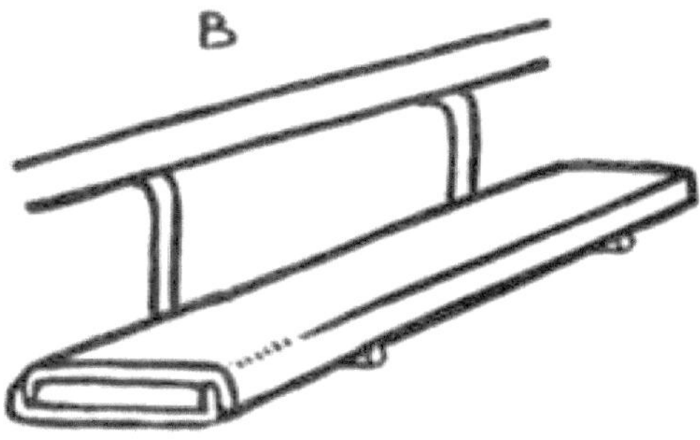

FIGURE 84.

La partie centrale du couvercle de ces boîtes est découpée et un morceau de colle de pêche ou de celluloïd transparent peut être inséré pour ressembler à une lentille. La partie centrale est découpée à l'aide d'un petit ciseau à découper lorsque le couvercle est placé sur l'extrémité d'un bâton rond tenu dans l'étau. Les aspérités sont lissées à l'aide d'une lime lisse demi-ronde.

La construction de ces lumières est si simple qu'elle ne nécessite aucune explication supplémentaire et elles sont simplement soudées au cadre ou au capot là où elles le touchent lorsqu'elles sont mises en place. Le projecteur est généralement monté en perçant un trou pour l'étendard dans le capot, ou en soudant une pièce supplémentaire au tableau de bord pour recevoir le fil standard, Fig. 85 .

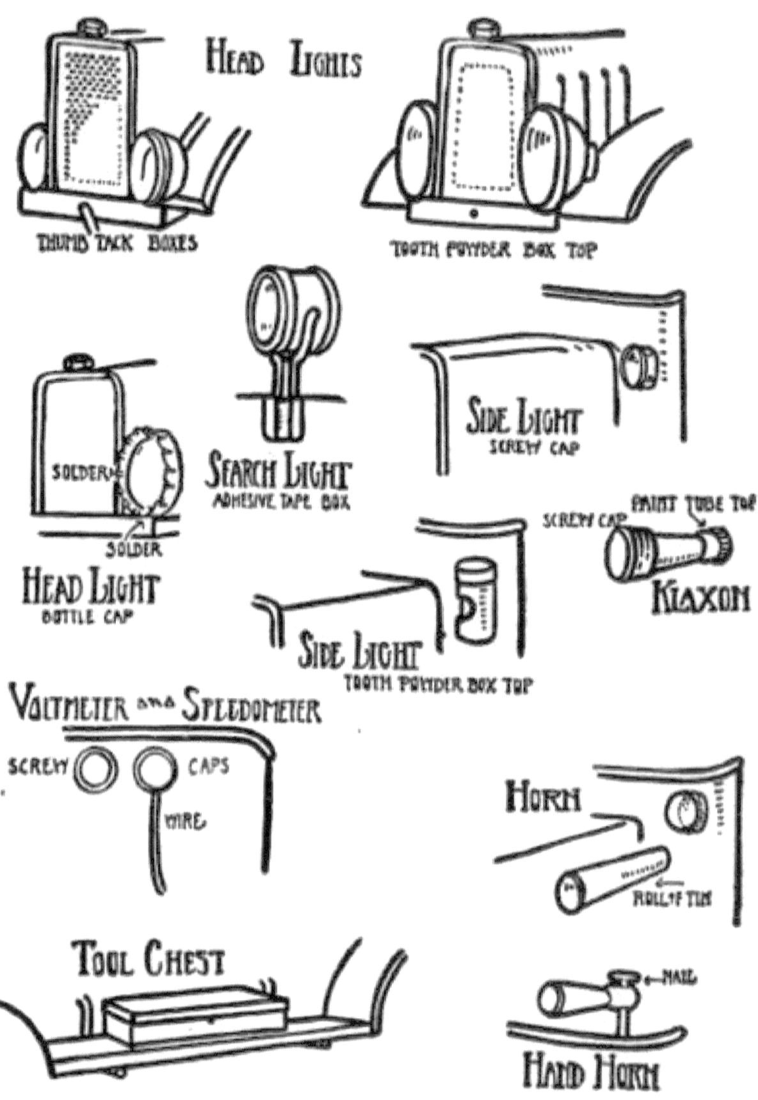

FIGURE 85.

Boîtes à outils, cornes, etc. — De petits cubes de bœuf rectangulaires ou des boîtes de chewing-gum peuvent être soudés au marchepied pour les boîtes à outils. Ces boîtes ont des coins arrondis et ressemblent beaucoup aux grandes boîtes à outils, Fig. 85 .

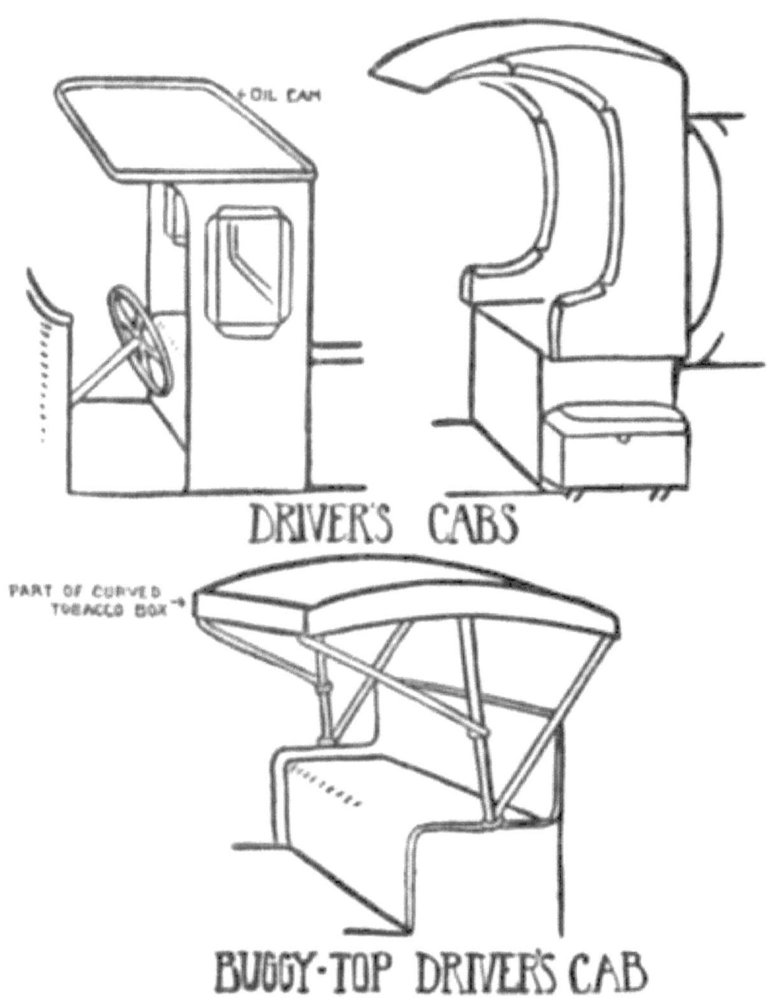

FIGURE 86.

Les cornes peuvent être fabriquées de plusieurs manières, la forme la plus simple étant un morceau d'étain roulé en forme de cône et soudé au tableau de bord. Un cornet plus réaliste peut être réalisé en soudant un bouchon à vis à la plus grande extrémité du cône et en ajoutant le bouchon d'un tube de peinture à la plus petite extrémité. Un klaxon peut être fabriqué comme indiqué sur la figure 85 .

Les compteurs de vitesse, voltmètres et ampèremètres peuvent être constitués de bouchons à vis soudés à l'intérieur du tableau de bord, comme illustré.

des conducteurs . — La plupart des gros camions ont une sorte de cabine pour protéger le conducteur des intempéries, à l'exception des camions militaires, qui dépendent généralement d'une partie du capot en toile ou de la housse pour se protéger.

Sur les camions jouets, ces cabines peuvent être très simplement fabriquées à partir d'une boîte carrée de cacao ou d'huile d'olive ou elles peuvent être construites de manière plus élaborée, en fonction de la capacité du fabricant. Ces cabines doivent être soigneusement fabriquées et maintenues proportionnellement au reste du camion.

Tous les bords tranchants doivent être retournés ou liés avec des bandes d'étain pliées. Les fenêtres peuvent être découpées dans la cabine en les plaçant sur le bloc et en utilisant un petit ciseau pour les découper. Les bords de ces fenêtres doivent tous être entourés de bandes d'étain pliées, comme indiqué sur l'illustration.

Le toit du siège du conducteur peut être fabriqué à partir d'une partie d'une certaine boîte à tabac courbée bien connue et de plusieurs petits morceaux de fil galvanisé, fig. 86 .

CHAPITRE XVI
BATEAUX

LA CHALIÈRE—LE VOILIER—LA SCOW—LE REMORQUEUR—LE CUIRASSÉ—LE FERRY-BOAT

Les boîtes de conserve de forme elliptique, utilisées pour les poissons de différentes sortes, peuvent être transformées en bateaux qui flotteront. Un pont est soudé étroitement à la boîte où le couvercle a été retiré et diverses superstructures ajoutées pour fabriquer les différents types de bateaux, mais pour former une barque, les sièges peuvent être soudés à une boîte ouverte.

La barque. — La chaloupe est la plus simple à réaliser puisqu'aucun pont ne doit être soudé. Un poisson elliptique étroit doit être utilisé. Ces boîtes contiennent généralement du maquereau frais et sont en forme de véritable bateau.

Ces boîtes sont ouvertes par le haut à l'intérieur du bord roulé. L'étain supplémentaire près du bord du bord doit être cassé avec la pince comme pour fabriquer un seau, toutes les aspérités étant limées.

Posez la boîte face vers le bas sur une feuille de papier, en dessinant le contour extérieur avec un crayon pointu pour obtenir un contour du bateau. Ce schéma servira de guide lors de la découpe des sièges. Les sièges peuvent être découpés selon le contour du bateau déjà tracé sur papier, lorsque les deux sièges d'extrémité s'adapteront à la proue et à la poupe. Mais le siège central devra être un peu coupé pour s'adapter au bateau. Les bords libres des sièges doivent être rabattus en guise de finition.

Le Voilier. — Un catboat ou un sloop peut être fabriqué à partir du même type de boîte elliptique étroite ou même d'une boîte plus large de même forme. Un pont est soudé à cette boîte, un trou y est découpé pour un cockpit. Au bord du cockpit, une bande d'étain pliée est soudée.

Un tube d'étain est soudé à la poupe, et un fil de fer est passé à travers ce tube et soudé à un gouvernail. Un trou est percé au centre du pont avant et un tube d'étain est soudé dans ce trou pour contenir le mât. Le mât et les espars sont en bois.

La quille est constituée d'un morceau d'étain soudé au fond du bateau. Le bateau doit être terminé et le mât, les espars et les voiles en place avant de mettre la quille. Essayez le bateau dans une bassine d'eau. Il va probablement basculer à moins d'utiliser une boîte de conserve très large pour le fabriquer. Découpez une quille de la forme illustrée à la Fig. 87 et soudez-la légèrement à chaque extrémité. Remettez le bateau à l'eau pour voir comment il flotte. Si la quille est trop lourde, une partie peut être coupée, si elle est trop légère, elle peut être cassée et une quille plus lourde peut être fabriquée et soudée. Lorsqu'ils sont bien construits, ces bateaux sont de bons marins .

Lors de la soudure d'un pont au bateau, le bord rugueux restant après avoir découpé le couvercle de la boîte est laissé en place de manière à former une sorte de rebord sur lequel souder le pont. Les cannelures brutes peuvent être aplaties en utilisant une paire de pinces à bec plat pour appuyer sur les cannelures pendant que vous travaillez et en les pinçant simplement à plat.

FIGURE 87.

Le chaland. — Un petit chaland peut être fabriqué à partir d'une boîte à biscuits en fer blanc plat, du genre qui a contenu de petits biscuits sucrés fourrés à la crème. La boîte et le couvercle sont utilisés et découpés comme indiqué sur la figure 88 . La boîte est laissée à sa largeur d'origine. Les deux extrémités sont découpées du couvercle. Les deux côtés rabattus du couvercle servent à réaliser des bandes pliées permettant de lier les côtés du chaland.

Une petite boîte constituée d'une partie du couvercle est soudée au pont arrière du chaland pour une cabine. Un petit morceau de fil galvanisé plié en angle est soudé à la cabine pour servir de tuyau de poêle. Les pièces de remorquage sont des rivets soudés au pont avant.

Le remorqueur. — Les remorqueurs peuvent être fabriqués à partir de boîtes à poisson elliptiques plus grandes. Une boîte de conserve de bonne taille de ce type est celle que l'on trouve couramment pour contenir du hareng hareng. Cette boîte deviendra un grand remorqueur, mais si un petit remorqueur doit être construit pour remorquer le chaland décrit précédemment, une boîte d'œufs de maquereau est la meilleure solution à utiliser.

Un pont est soudé étroitement à la boîte, comme pour la fabrication du voilier, sauf que le pont est laissé entier ; aucune ouverture n'y est pratiquée.

La cabine est constituée d'une boîte de cacao rectangulaire ou d'une petite boîte d'huile d'olive, découpée à une hauteur appropriée et soudée au pont, de bas en haut.

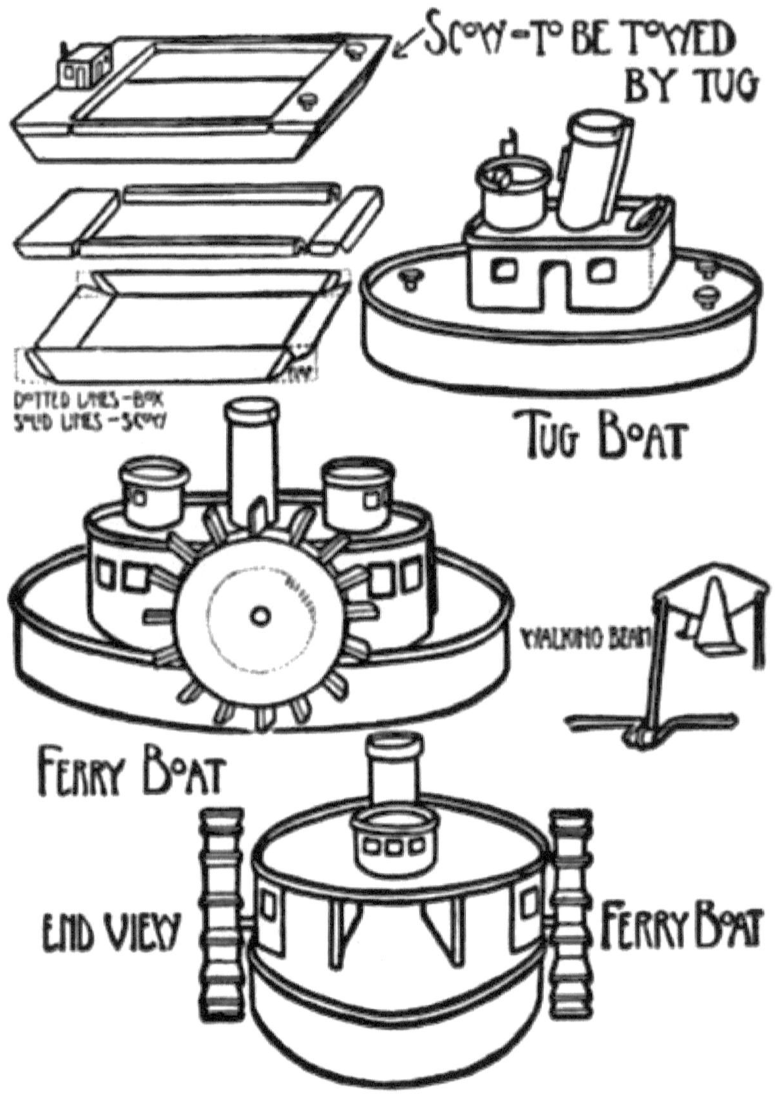

FIGURE 88.

La maison pilote est constituée d'une petite boîte en plâtre adhésif, la cheminée étant constituée d'un petit morceau de fer blanc dont le bord supérieur est d'abord replié puis roulé pour lui donner une forme cylindrique. Un morceau de fil peut être soudé à la pile pour un tuyau d'échappement. Un petit morceau de fil est soudé à l'avant de la pile pour servir de sifflet. Ces morceaux de fil peuvent être attachés à la pile avec du fil de fer fin, comme celui utilisé par les fleuristes. Lorsque le fil d'échappement et le sifflet sont soudés à la pile, le fil peut alors être retiré. Il sera très difficile de souder ces pièces courtes en place sans les fixer en position.

PLAQUE XV

Revue illustrée de courtoisie

Bateaux réalisés par l'auteur

Le canot de sauvetage est fabriqué à partir d'un petit morceau d'étain plié, dont les deux extrémités sont enfoncées et soudées ensemble. Le bateau fini est soudé au toit de la cabine.

Les embouts de remorquage sont des rivets soudés au pont. N'oubliez pas d'utiliser la pince pour maintenir les rivets en place lors de leur soudure. Lorsque ces bateaux flottent dans l' eau , ils peuvent légèrement basculer sur le côté. Un peu de soudure peut être fondue au fond du bateau avec le cuivre dans une position telle qu'il neutralisera toute tendance à basculer.

Le cuirassé, les destroyers, etc. — Le cuirassé illustré sur la planche XV est fabriqué à partir d'une boîte de conserve de poisson elliptique étroite. Un pont est soudé et une cabine constituée d'une petite boîte rectangulaire comme celle des cubes de bœuf y est généralement emballée.

Les tourelles sont constituées de boîtes à pilules ou à pommade de petite forme ronde en étain. Le couvercle de la boîte est soudé au pont et lorsque la boîte est placée dans le couvercle, la tourelle peut être retournée.

Les canons sont constitués de petits morceaux de fil soudés aux tourelles et à la cabine.

Le mât est constitué d'un bec verseur de bidon d'huile en étain ou d'un morceau d'étain roulé en forme de cône. Un bouchon à vis d'un tube de dentifrice y est soudé pour former un dessus de combat.

Une sorte de quille devra être soudée au cuirassé pour le maintenir droit dans l'eau. Trois morceaux de fil galvanisé épais peuvent être soudés au fond, un au centre et un de chaque côté, ou une bande de feuille de plomb peut être soudée au fond.

Un destroyer peut être construit de la même manière qu'un cuirassé ; en fait, presque tous les types de bateaux peuvent être construits en changeant la superstructure.

Le Ferry- boat. — Un ferry-boat peut être construit avec des roues à aubes qui tourneront lorsque le bateau est tiré dans l'eau ou ancré dans un cours d'eau.

La coque est fabriquée à partir d'une boîte de conserve de hareng kipperée sur laquelle est soudé un pont. Quatre bandes de tôle sont découpées pour les côtés des cabines. Deux d'entre eux sont soudés sur les côtés de la coque, à côté du bord roulé et en suivant le contour de la boîte ou de la coque. Les deux parois intérieures des cabines sont soudées à environ ¾ de pouce à l'intérieur des parois extérieures, ce qui laisse une passerelle traversant le centre du bateau.

Un pont supérieur est soudé à ces quatre murs ; les parois intérieures doivent uniquement être soudées au pont supérieur à chaque extrémité.

Les deux maisons pilotes sont constituées de boîtes en plâtre adhésif et la cheminée est enroulée à partir d'un morceau de fer blanc.

Un trou est percé ou percé dans les quatre parois de la cabine pour recevoir l'essieu des roues à aubes.

Les roues à aubes sont fabriquées à partir de petites boîtes exactement de la même manière que les roues des camions automobiles et huit petits morceaux carrés d'étain sont soudés à la circonférence de chaque roue pour les pagaies. Des bandes d'étain roulées sont placées sur les essieux entre les roues et les cabines de lavage. L'essieu doit tourner très librement dans les trous d'essieu.

Si l'on possède quelques aptitudes en mécanique, il n'est pas très difficile de former une manivelle dans l'axe de la roue à aubes et d'attacher une bielle à une petite poutre mobile en étain qui se déplacera de haut en bas lorsque les roues à aubes tourneront. Une tige de piston imitation peut être fixée à l'autre extrémité de la poutre mobile et laissée circuler librement à travers un trou dans le pont supérieur.

Les roues du ferry-boat tourneront s'il est ancré dans un cours d'eau ou remorqué derrière une chaloupe.

CHAPITRE XVII
UNE LOCOMOTIVE JOUET

UNE LOCOMOTIVE JOUET SIMPLE — LE CADRE — LA CHAUDIÈRE — LA CABINE — LES ROUES — LES CYLINDRES ET LES BIELLES — LA CHEMINÉE, LE DÔME À VAPEUR ET LE SIFFLET, LE BAC À SABLE ET LE PHARE — LES VOITURES — UNE VOITURE DE PASSAGERS ET QUELQUES AUTRES

La locomotive représentée sur la planche XV est conçue de telle sorte que les bielles se déplacent d'avant en arrière lorsque la locomotive est tirée. Les principales dimensions sont données sur la Fig. 89 . Cette locomotive n'est pas beaucoup plus difficile à fabriquer que le camion automatique, mais elle ne devrait pas être tentée tant que le camion automatique n'est pas terminé de manière satisfaisante.

Le cadre. — Le châssis de la locomotive doit être fabriqué en premier, et il est fait d'un morceau plat de fer blanc de $5\frac{1}{4}$ sur $10\frac{1}{2}$ pouces. Tracez une ligne de $\frac{1}{4}$ de pouce à l'intérieur et le long de tous les bords, coupez les coins comme indiqué sur la figure 89 et pliez les quatre bords. Coupez les coins du cadre sur les lignes A , A , A , A .

PLAQUE XVI

Simple toy locomotive and sand or water mill made by the author

The first tin can toy. A locomotive made by the author for his son

Locomotive jouet simple et moulin à sable ou à eau réalisés par l'auteur

Le premier jouet en boîte de conserve. Une locomotive réalisée par l'auteur pour son fils

PLAQUE XVII

Avec l'aimable autorisation du monde de New York

Tracteur à vapeur et pistolet non peints

Baissez d'abord les deux côtés du cadre, puis rabattez les deux extrémités. Les quatre morceaux des côtés qui dépassent des côtés sont retournés sur les extrémités comme le montre la Fig. 89 . Les côtés et les extrémités du cadre peuvent être retournés sur un bloc carré d'érable. Soudez le cadre aux extrémités.

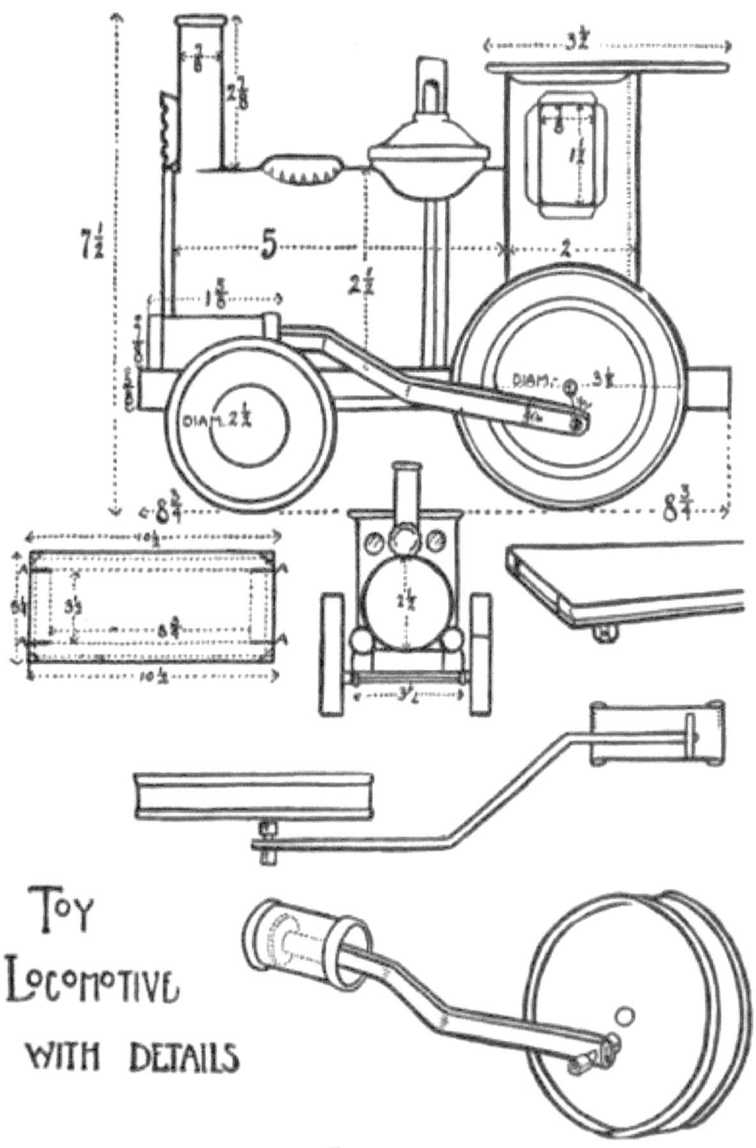

FIGURE 89.

La Chaudière. — La chaudière est composée de deux petites boîtes de soupe. Une boîte entière est utilisée et le fond et une partie des côtés d'une autre boîte exactement de la même taille sont soudés à la première boîte pour former une longue chaudière. Un long bidon, si possible, peut être utilisé pour la chaudière. Lorsque deux boîtes ou plus sont soudées ensemble pour former une longue chaudière, les deux bords roulés des boîtes soudées ensemble donnent l'apparence d'une sangle de chaudière, comme le montre la Fig. 89 .

La cabine. — La cabine est constituée d'une boîte de cacao rectangulaire. La majeure partie d'un côté est découpée, laissant juste assez pour se replier contre les côtés de la cabine. La cabine est ensuite posée sur un bloc de bois et un ciseau est utilisé pour découper les ouvertures des fenêtres. Un gros poinçon rond peut être utilisé pour découper les fenêtres avant ou un très petit ciseau fait d'un clou peut être utilisé pour couper ces fenêtres circulaires.

Un dessus est fabriqué pour la cabine à partir d'un morceau d'étain de 3¾ sur 3¾ pouces carrés. Un quart de pouce est marqué et retourné tout autour de cette pièce. Deux côtés opposés sont rabattus et les deux autres côtés restent perpendiculaires à la pièce et ces deux côtés opposés sont laissés ouverts juste assez pour glisser sur le dessus de la boîte formant la cabine où le dessus est soudé en place comme indiqué sur le dessin.

La chaudière doit être soudée à la cabine, puis ces deux éléments sont soudés au cadre où ils le touchent à l'avant de la chaudière et à la base de la cabine.

Les roues. — Les roues avant de la locomotive sont constituées de petits bidons de lait évaporé exactement de la même manière que les roues du camion automobile. Ces roues mesurent 2½ pouces de diamètre et ⅝ pouces de largeur.

L'essieu filaire des roues avant passe par deux pattes soudées sur les côtés du cadre.

Les roues motrices sont fabriquées à partir de canettes à jante roulée de 3½ pouces. L'essieu de ces roues passe directement à travers des trous situés sur les côtés du cadre.

Un morceau de fil galvanisé de 1¼ pouces de longueur est utilisé pour enfoncer les goupilles des bielles de chaque roue motrice. Chaque morceau de fil est placé dans deux trous de la roue motrice, ces trous étant directement opposés l'un à l'autre et exactement à ½ pouce du centre de chaque roue. Comme ces goupilles d'entraînement traversent entièrement la roue , elles doivent être soudées de chaque côté de celle-ci afin de donner plus de solidité, car elles se détacheraient très facilement des roues si elles ne traversaient pas entièrement la roue et n'étaient pas soutenues par chacune d'elles. côté de celui-ci.

Cylindres et bielles. — Ces cylindres sont enroulés à partir de morceaux plats d'étain mesurant chacun 2¼ sur 3¼ pouces. La boîte est repliée sur les deux côtés les plus courts de chaque pièce avant de lui donner une forme cylindrique, les côtés pliés de la boîte formant chaque extrémité des cylindres.

Les bielles sont constituées de deux bandes d'étain, chacune mesurant ¾ sur 6¼ pouces. Les deux côtés de la bande sont pliés, formant une triple épaisseur d'étain et une bielle d'environ $5/16$ pouce de large et 6 ¼ pouces de long.

Un disque d'étain est soudé à une extrémité de chaque bielle. Ces disques doivent être légèrement plus petits que le diamètre des cylindres afin de pouvoir glisser facilement d'avant en arrière à l'intérieur des cylindres.

Les bielles doivent être courbées aux deux angles indiqués sur la figure 89 afin que chaque bielle puisse être alignée avec le cylindre et avec la roue motrice.

La cheminée, le dôme à vapeur et le sifflet, le bac à sable et le phare. — La cheminée est enroulée à partir d'un morceau d'étain de 2¾ sur 2⅞ pouces. Ce morceau de fer blanc est découpé sur le côté d'une boîte de conserve de manière à laisser le bord roulé en haut pour le bord de la pile.

Le dôme de vapeur est constitué de la partie supérieure d'un pot de poudre dentaire avec le distributeur en haut à gauche. Ce sommet est laissé ouvert pour former un sifflet. La partie du pot de poudre dentaire qui repose contre la chaudière doit être ajustée très soigneusement de manière à épouser la courbe de la chaudière.

Le bac à sable peut être fabriqué à partir d'un bouchon de bouteille et le phare peut être fabriqué à partir d'un autre bouchon de bouteille, comme indiqué sur le dessin.

Voitures. — Un ravitailleur de charbon pour la locomotive peut être fabriqué à partir d'une petite boîte carrée montée sur un châssis ou une plate-forme similaire à la locomotive, mais plus petite. Les roues de la voiture peuvent être fabriquées à partir de petits bidons de lait évaporé ou de n'importe quelle petite boîte disponible.

Un wagon de marchandises peut être fabriqué à partir d'une longue boîte carrée d'une manière similaire à l'offre de charbon. Les voitures particulières peuvent être fabriquées à partir de longues boîtes rectangulaires et les fenêtres et les portes peuvent être découpées ou peintes sur les côtés ou les extrémités. Assurez-vous de placer des bandes d'étain pliées sur tous les bords bruts laissés lors de la découpe des fenêtres et des portes.

Une voiture de tourisme et quelques autres. — Une voiture de tourisme peut être fabriquée à partir d'un bidon d'olive ou d'huile de cuisson ; c'est-à-dire qu'environ la moitié d'une des plus grandes boîtes est coupée dans le sens de la longueur. Sélectionnez une boîte de conserve de manière à ce que lorsqu'elle est coupée dans le sens de la longueur, elle soit proportionnelle à la locomotive qui doit être utilisée avec elle. Aucune dimension n'est indiquée dans les dessins car ces boîtes varient en taille, mais il n'est pas difficile de trouver une boîte rectangulaire appropriée pour une voiture de tourisme.

Lorsque la boîte est ouverte, tracez deux lignes parallèles le long des côtés pour les ouvertures des fenêtres. N'essayez pas de couper chaque fenêtre séparément, mais coupez une longue ouverture pour toutes les fenêtres, liez les bords coupés avec des bandes pliées, puis soudez les pièces pliées sur les ouvertures des fenêtres à intervalles réguliers pour diviser les fenêtres.

Découpez une porte à chaque extrémité de la voiture et attachez les bords avec de l'étain plié. Les capots saillants au-dessus de la porte à chaque extrémité du toit de la voiture peuvent être constitués d'une partie des côtés et du fond d'une boîte carrée ou de la partie du bidon d'olive ou d'huile de cuisson qui est découpée lors de la fabrication de la carrosserie de la voiture.

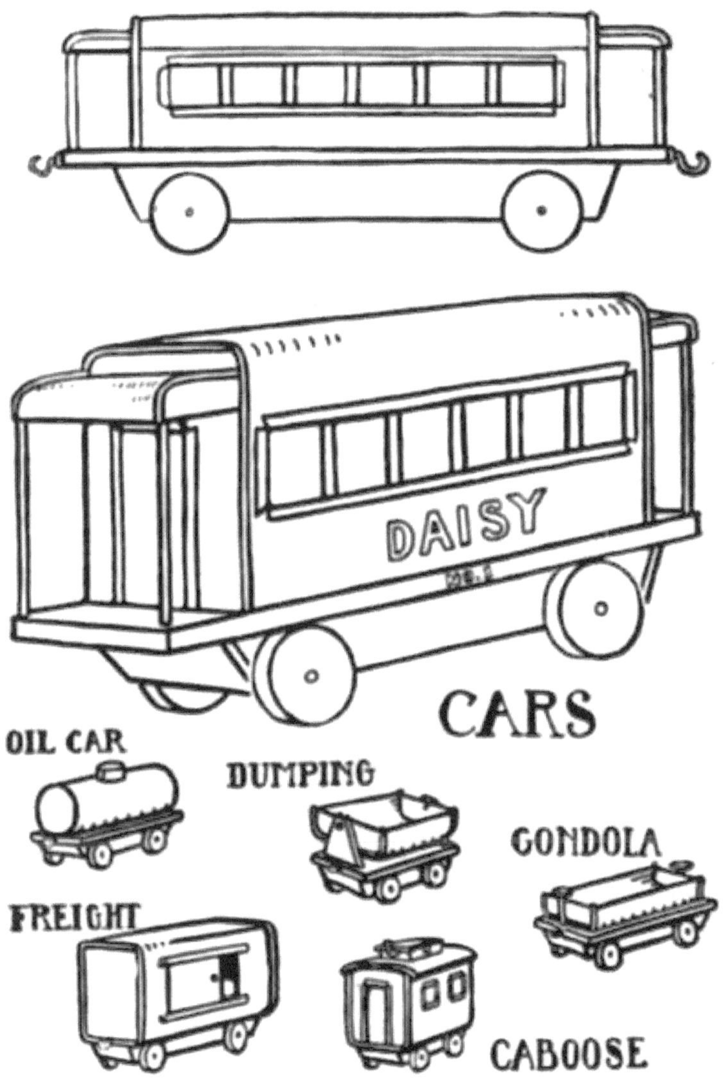

FIGURE 90.

Un morceau plat de fer blanc peut être utilisé pour le bas de la voiture, cette pièce étant formée exactement de la même manière que le châssis du camion automobile. Il est suffisamment long pour permettre une plate-forme à chaque extrémité de la voiture, et la carrosserie y est solidement soudée.

Les roues de voiture peuvent être fabriquées à partir de très petites boîtes de conserve, comme toutes les autres roues de boîte de conserve. Deux bouchons de bouteilles peuvent être soudés ensemble pour former une roue ou plusieurs disques plats en étain peuvent être coupés et soudés ensemble sur les bords pour former une roue. Les rondelles en étain utilisées avec les clous à toiture constituent une excellente roue lorsque deux sont soudées ensemble, dos à dos . N'essayez jamais d'utiliser un seul couvercle de canette, un bouchon de bouteille ou un disque en étain pour une roue qui doit supporter un poids. Tous ces éléments sont trop faibles pour tenir debout seuls. Les roues sont montées de la manière indiquée sur les dessins de la voiture de tourisme.

D'autres voitures peuvent être fabriquées à partir de boîtes de conserve, comme le montre la figure 90 , la construction étant si simple qu'elle ne nécessite aucune description supplémentaire. Ces voitures peuvent être fabriquées aussi simplement ou aussi élaborées que le permet le savoir-faire du constructeur.

CHAPITRE XVIII
JOUETS MÉCANIQUES SIMPLES

ROUES À EAU ET MOULINS À SABLE—UNE SIMPLE TURBINE À VAPEUR ET CHAUDIÈRE—UN MOULIN À VENT ET UNE TOUR—GIROIR AÉRONAUTIQUE

Les roues hydrauliques et les moulins à sable peuvent être fabriqués à partir de capsules de bouteilles et de couvercles de canettes. Deux couvercles de canettes à pression ou à friction sont soudés ensemble pour former une roue à bride et les bouchons de bouteille sont soudés entre les brides, à intervalles égaux, pour les seaux. La construction générale est représentée sur la figure 91 . Une buse peut être formée à partir d'un morceau d'étain et soudée au standard afin qu'un tuyau puisse y être connecté et au robinet, ou la roue hydraulique peut être placée dans un évier sous un robinet ou placée dans un jet d'eau courante. .

Un entonnoir ou une trémie à sable peut être fabriqué en étain et soudé à un standard qui maintient la roue à godets. Le sable fin et sec placé dans la trémie s'écoulera à travers le trou au fond et fera tourner la roue du godet.

Une simple turbine à vapeur et une chaudière. — Une turbine à vapeur très simple et amusante fonctionnant avec de la vapeur générée dans une chaudière en boîte de conserve peut être fabriquée à partir de boîtes de conserve. Sélectionnez une boîte de conserve bien soudée avec un couvercle hermétique, comme une boîte de mélasse ou de sirop avec un couvercle à friction. Le couvercle devra être soudé en place pour le rendre étanche à la vapeur.

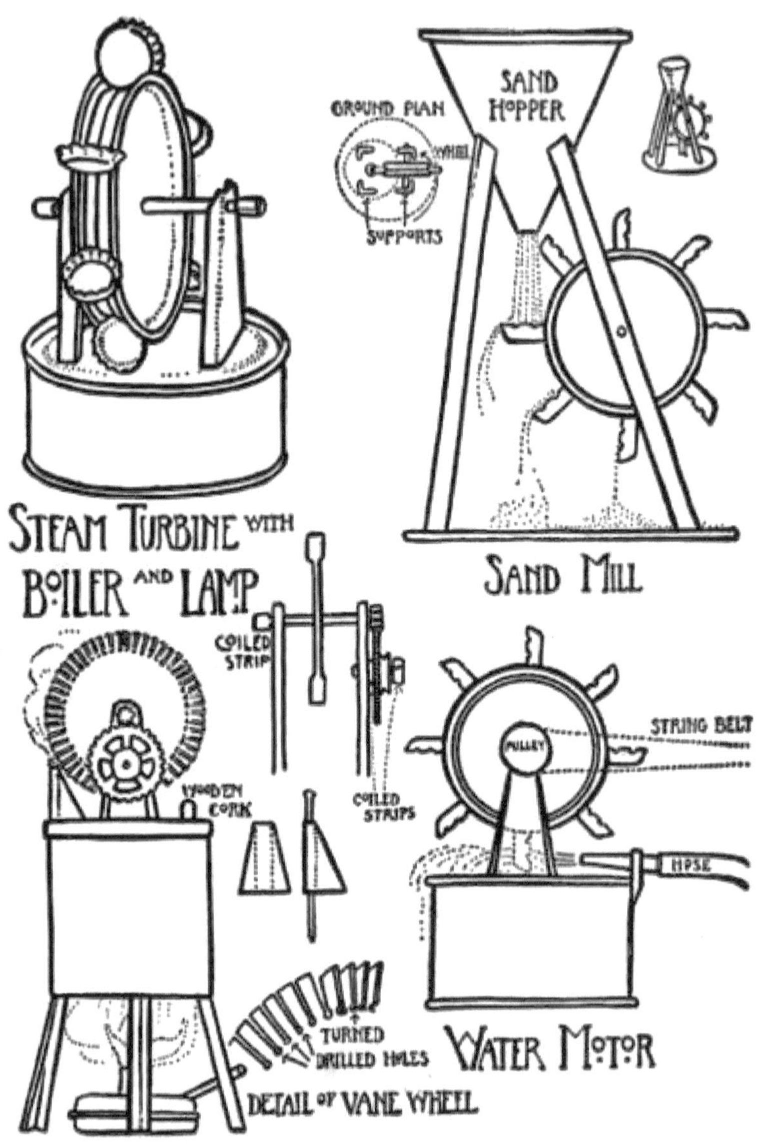

FIGURE 91.

Percez un trou d'environ ¼ de pouce de diamètre près d'un côté du couvercle pour un trou de remplissage. Assurez-vous que ce trou soit parfaitement rond pour pouvoir y insérer un bouchon qui le rendra étanche à la vapeur.

La roue à palettes doit avoir un diamètre d'environ 3 pouces et être fabriquée avec beaucoup de soin. Assurez-vous que l'essieu est soudé exactement au centre de la roue. Les aubes doivent être petites et nombreuses et chacune exactement de la même taille. La méthode de construction est présentée à la page 183 (dessin pleine page). Un cercle de 3 pouces est soigneusement disposé sur un morceau plat d'étain, puis un autre cercle est disposé à l'intérieur du premier d'environ ¾ de pouce. Le cercle extérieur est ensuite divisé en 36 parties égales. Tracez des lignes droites à partir de chaque point de séparation sur le bord jusqu'au centre de la roue. Percez un petit trou exactement à l'endroit où chaque ligne traverse le cercle intérieur. Coupez chaque ligne de démarcation jusqu'à chaque trou. Utilisez la pince pour tourner chaque palette perpendiculairement à la face de la roue.

La buse vapeur doit être très petite. Un morceau d'étain triangulaire peut être formé autour d'un clou ou d'une épingle en fil métallique fin. L'ouverture de la buse doit avoir un diamètre d'environ ¹⁄₃₂ pouce. La buse doit être bien soudée ensemble, puis soudée à la chaudière, sur un trou d'une taille appropriée pour permettre à la vapeur de s'écouler de la chaudière vers la buse. Assurez-vous de ne pas souder le tube afin que la vapeur ne puisse pas s'échapper. Un morceau de paille à balai peut être placé dans la buse lors de la soudure, et il peut être laissé dedans lorsque la buse est soudée à la chaudière. La paille doit pénétrer dans la chaudière et peut être retirée une fois les opérations de brasage terminées. N'utilisez pas de fil à l'intérieur de la buse pour éviter qu'elle ne se remplisse de soudure, car la soudure y collerait et empêcherait son retrait.

Faites attention en plaçant la buse en position sous la roue à palettes afin que la vapeur frappe directement les palettes lorsqu'elle s'échappe. Placez l'extrémité de la buse le plus près possible des aubes, mais de manière à ce qu'elle ne heurte pas les aubes lorsque la roue tourne.

Ces turbines tournent à très grande vitesse lorsqu'elles sont soigneusement fabriquées. N'utilisez pas trop de chaleur sous la chaudière, car une pression trop élevée pourrait la faire exploser avec des résultats désastreux. Si la chaudière est placée sur une flamme à gaz, veillez à ne pas laisser la flamme s'étendre autour de la chaudière et remonter sur les côtés, car elle pourrait alors fondre par le haut de la chaudière même s'il y a beaucoup d'eau à l'intérieur. Une flamme modérée générera suffisamment de pression dans la chaudière pour faire tourner rapidement la roue à palettes. Si l'on prend soin de placer le bouchon dans l'orifice de remplissage, il peut être rendu étanche à la vapeur en le poussant dans l'orifice de remplissage avec une légère pression, de sorte que si trop de pression est générée dans la chaudière, le bouchon éclatera.

Un pignon provenant d'une petite usine d'horlogerie peut être soudé à l'arbre de la roue à palettes et engrené avec un grand engrenage qui est placé sur un arbre soudé au montant de support sur un côté de la roue. Une petite poulie peut être en bois ou en métal et fixée au grand engrenage. Cet agencement d'engrenages donnera une vitesse réduite et une courroie à cordes peut être passée de la poulie à une machine jouet légère. Le pignon et l'engrenage fixés à la turbine doivent fonctionner très facilement.

Une lampe chauffante à alcool peut être fabriquée pour la chaudière à turbine en soudant un tube de mèche et un tube d'aération à une boîte de pâte à chaussures ou de pommade.

Le tube de mèche doit être fabriqué à partir d'une bande d'étain enroulée en forme cylindrique. Il doit mesurer environ ½ pouce de diamètre et 1½ pouce de longueur une fois soudé ensemble. Le tube de mèche doit s'étendre à environ 1 pouce au-dessus du haut de la lampe et il doit être soudé fermement dans un trou découpé dans le haut de la lampe pour le recevoir.

Un petit tube d'environ ¼ de pouce de diamètre et 3 pouces de long est soudé ensemble. Ce tube doit être soudé sur un trou près du côté supérieur de la lampe et soudé selon un angle comme indiqué sur la Fig. 91 . Il sert d'évent, permettant à l'alcool gazeux généré dans le haut de la lampe de s'échapper et sert également de poignée. Une lampe à alcool équipée d'un tube de ventilation de cette description ne débordera pas et ne prendra pas feu comme le font certainement la plupart des petites lampes à alcool fournies avec les machines à vapeur jouets. Des tubes d'aération soudés à ces lampes de manière à éloigner le gaz de la flamme permettront d'éviter des accidents de ce genre.

Un trou de remplissage doit être placé dans la partie supérieure de la lampe, aussi loin que possible du tube de mèche. Un bouchon commun peut être utilisé comme bouchon. Un petit entonnoir peut être facilement fabriqué à partir de quelques morceaux de ferraille et utilisé pour remplir la chaudière et la lampe.

Un moulin à vent et une tour. — Un moulin à vent et une tour qui sembleront très réalistes une fois terminés peuvent être fabriqués à partir de boîtes de conserve. La roue à palettes est composée de douze pales disposées dans deux couvercles de boîte. Les aubes sont découpées dans un morceau d'étain plat, en prenant soin de faire en sorte que chacune d'elles ait exactement la même taille. Un grand couvercle de boîte est utilisé pour le support extérieur de l'aube et la partie centrale de ce couvercle est découpée. Douze découpes sont réalisées autour du bord du couvercle de la boîte à égale distance et les aubes sont soudées dans ces découpes.

Un petit couvercle de boîte est utilisé pour le centre de la roue et les extrémités des aubes y sont soudées.

La tour est constituée de bandes de fer blanc pliées et le réservoir d'une boîte de conserve est représenté sur la Fig. 92 .

Avion Girouette. — Une girouette biplan peut être fabriquée à partir de bandes plates d'étain. De grandes boîtes rondes ou carrées peuvent être ouvertes et la boîte de conserve utilisée pour fabriquer la girouette de l'avion . Lorsque cette girouette est montée sur une pointe appropriée sur laquelle elle peut tourner librement au gré du vent, l'hélice tournera rapidement lorsque le vent souffle.

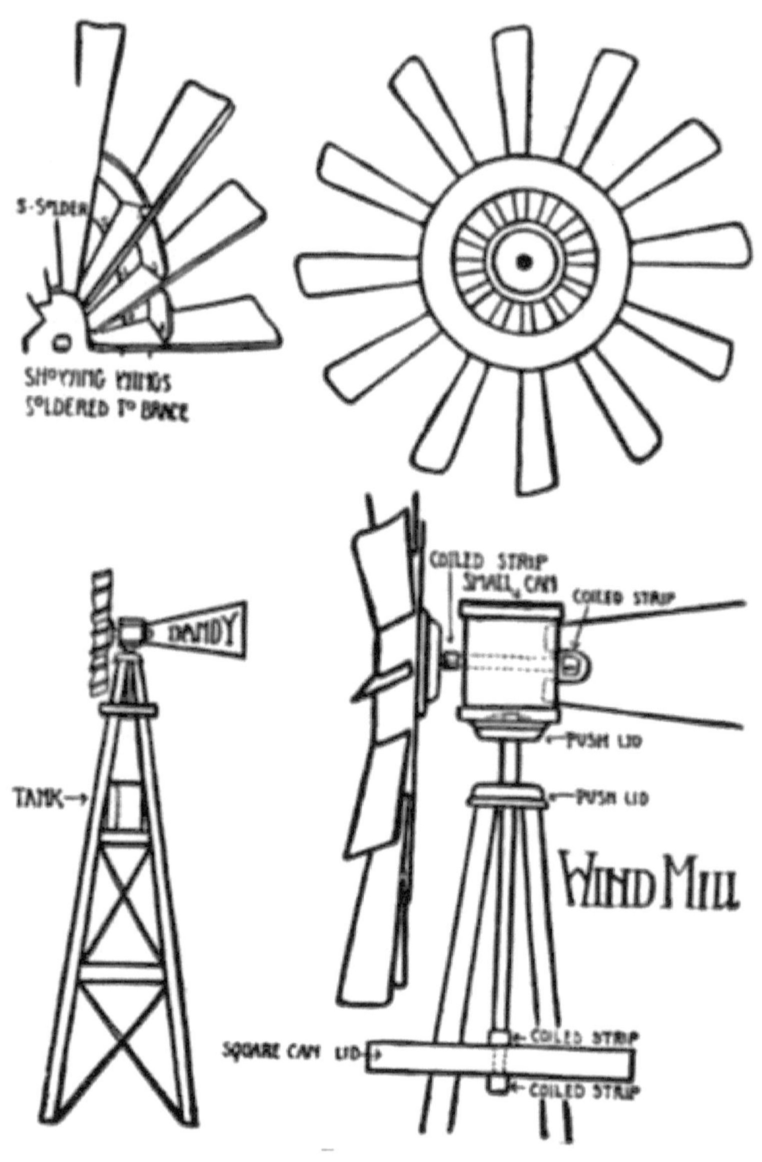

FIGURE 92.

PLAQUE XVIII

Girouettes d'avion réalisées par l'auteur

La construction de l' avion est assez simple et les principales dimensions sont données sur la Fig. 93 . La construction est très bien représentée sur la planche XVIII . Si les problèmes précédents ont été résolus de manière satisfaisante, il n'y aura aucune difficulté à construire l' avion à partir des dimensions données.

Les deux ailes sont constituées de deux morceaux de fer blanc de la taille requise avec les bords repliés.

Le corps du fuselage est constitué d'une longue pièce de tôle triangulaire repliée de chaque côté de manière à former une sorte de longue boîte effilée. Un couvercle est réalisé pour ce caisson et divisé en deux parties de manière à laisser une ouverture de cockpit.

Les entretoises ou supports d'ailes sont fabriqués à partir d'étroites bandes d'étain pliées presque ensemble pour plus de solidité. Il est préférable que les petits haubans soient fabriqués à partir de fil de cuivre de petit diamètre. S'il est difficile d'obtenir un petit fil de cuivre, il peut être possible d'obtenir deux ou trois pieds de fil de cuivre isolé utilisé à des fins électriques. Ce fil est utilisé pour enrouler les petits aimants utilisés sur les cloches électriques. L'isolation brûle facilement. Le fil de cuivre se soude très facilement.

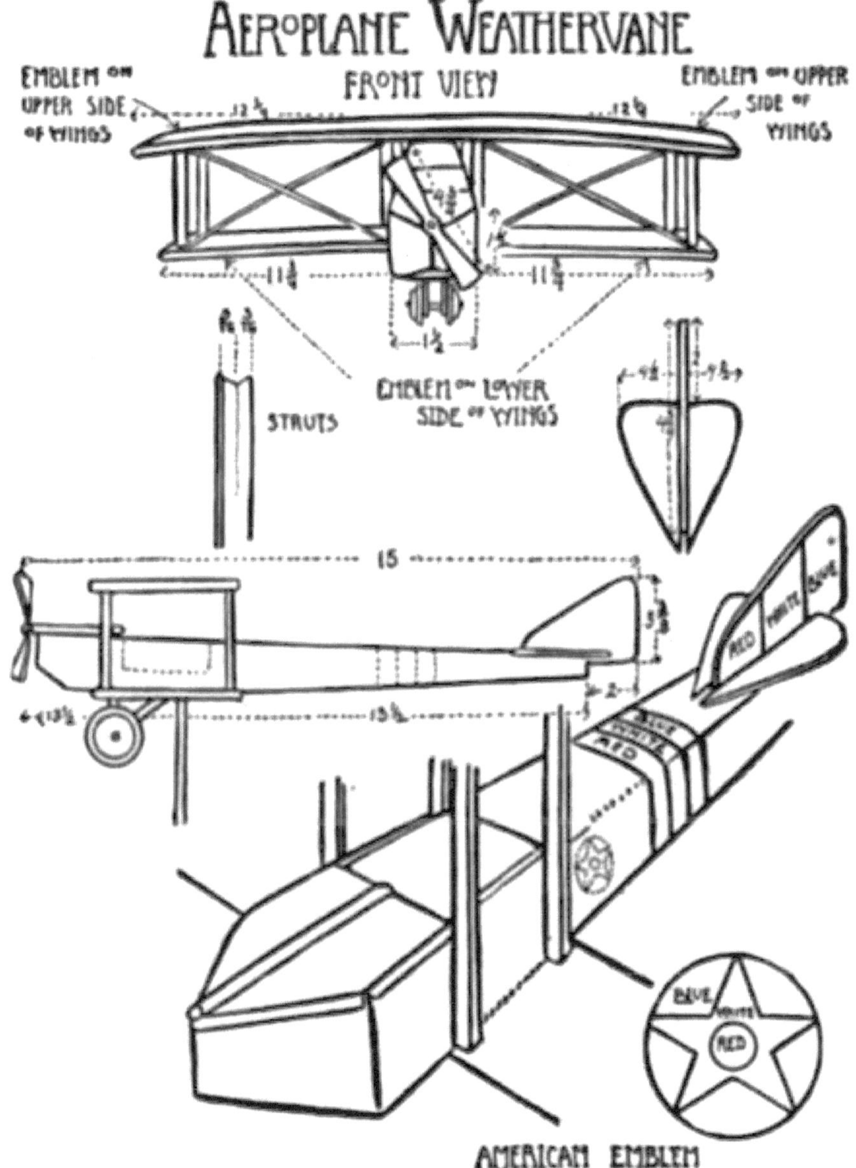

FIGURE 93.

Le gouvernail et les avions de queue sont fabriqués à partir de morceaux plats d'étain. Un morceau de fil droit est utilisé pour l'arbre d'hélice. Un tube est fabriqué en étain et utilisé comme roulement pour l'arbre. L'arbre d'hélice doit être très lâche dans le tube. Le tube de roulement est solidement soudé au corps de l' avion comme le montre la Fig. 93 . Une fois complètement assemblée, à l'exception de l'hélice et de son arbre, l'hélice est soudée à une extrémité de l'arbre. Il faut veiller à monter la pale de l'hélice de manière à ce que l'arbre soit exactement au centre, afin qu'un côté de l'hélice ne soit pas plus lourd que l'autre. L'arbre est poussé à travers le tube de roulement et doit dépasser d'environ ¼ de pouce au-delà. Une bande d'étain est enroulée autour de cette extrémité saillante de la tige et soudée à celle-ci de manière à ce que la tige puisse tourner librement dans le tube.

Lorsque l'avion est complètement assemblé, essayez-le de trouver le point auquel il s'équilibre lorsqu'il repose sur le doigt sous le fuselage. Un trou doit être percé à ce stade suffisamment grand pour accueillir la tige de fer ou le morceau de fil épais qui sera utilisé pour la pointe sur laquelle monter la girouette. Un deuxième trou est percé directement au-dessus du premier ; ce trou est considérablement plus petit que le trou situé en dessous. Le sommet de la pointe en fer qui supporte la girouette de l'avion est limé à un diamètre plus petit de sorte que lorsque la pointe est poussée à travers le trou le plus grand, la partie la plus petite ou limée de la pointe passe à travers le trou dans la partie supérieure du fuselage. La girouette reposera alors sur l'épaulement formé sur la pointe comme indiqué sur l'illustration. Un bloc de bois peut être cloué au faîte du toit de la maison ou de la grange et un trou de la taille du pic de support peut y être percé, et le pic peut être poussé dedans et la girouette de l'avion montée sur le pic . Il doit être bien peint dans des couleurs vives et s'il est bien fait , il deviendra un jouet très agréable.

CHAPITRE XIX
CHANDELIERS

DES APPLIQUES MURALES ET UNE LANTERNE

La base du grand chandelier illustré à la figure 94 est constituée de boîtes de différentes tailles découpées en forme de plateau et soudées ensemble. Comme on peut le constater en les étudiant, les fûts sont fabriqués à partir de cornes de campagne ordinaires en étain. Les gobelets d'égouttement sont constitués de couvercles de boîtes à pression ou de petites boîtes découpées en forme de plateau. Toutes les arêtes vives doivent être retournées. Les douilles des bougies sont formées de la même manière que celle du chandelier décrit au chapitre VIII, page 94 .

Les appliques murales sont constituées de grands bidons d'huile d'olive ou d'huile de cuisson ou de bidons ayant contenu des huiles lubrifiantes automobiles. Tous les bords doivent être retournés ou reliés avec des bandes d'étain pliées. L'applique n° 2 peut être constituée d'une feuille plate d'étain et d'une moitié de grande boîte ronde découpée à la taille d'un plateau. L'applique n° 3 peut être constituée d'une grande boîte ronde découpée à sa forme.

PLAQUE XIX

Une lanterne réalisée par l'auteur

Un char de combat réalisé par l'auteur. La cuve est composée de deux boîtes de maquereaux. Pièces de poivrières, capsules de bouteilles et quelques clous servant de fusils

La lanterne n'est pas fabriquée à partir d'une boîte rectangulaire, mais elle est fabriquée à partir de deux morceaux carrés d'étain utilisés pour le haut et le bas, une partie d'une boîte étant insérée dans un trou découpé dans la pièce carrée utilisée pour le haut de la lanterne. Les quatre pièces d'angle de la lanterne sont constituées de bandes d'étain découpées à angle droit.

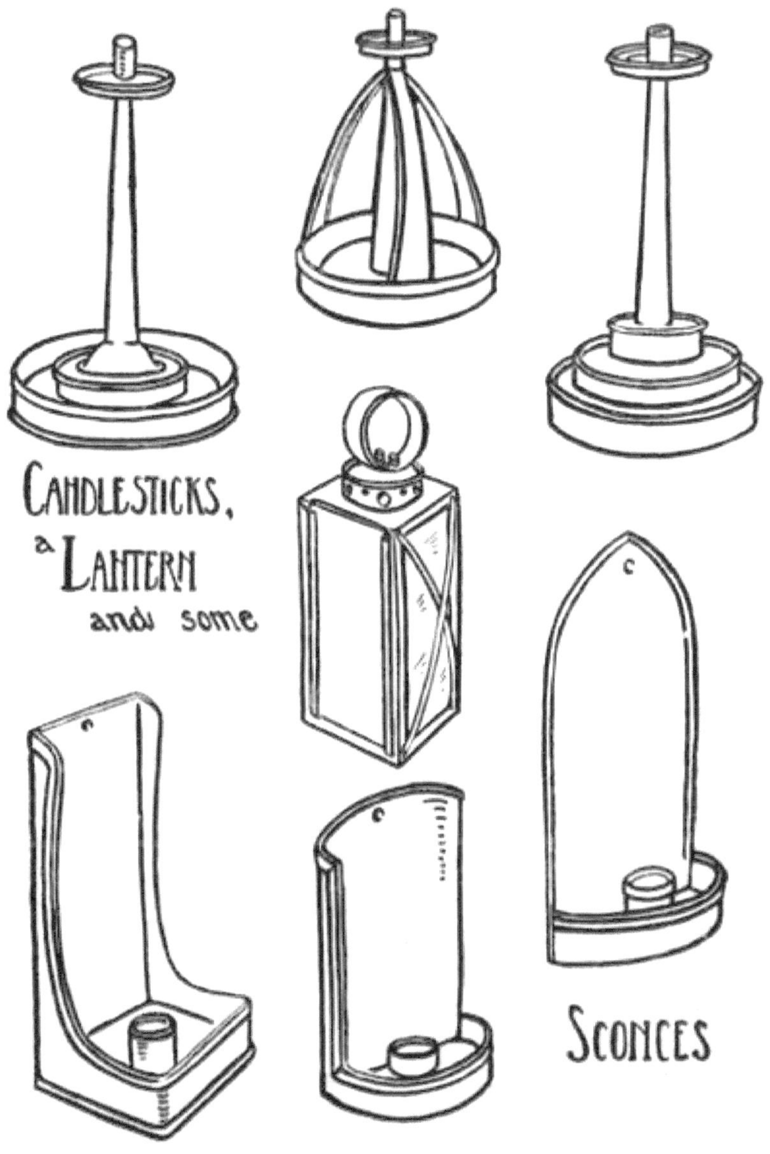

FIGURE 94.

Une porte coulissante est réalisée à partir d'une feuille plate d'étain, cette porte coulissant entre deux bandes d'étain pliées qui sont soudées à l'ossature de la lanterne. Trois morceaux de verre sont utilisés pour la lanterne, car ils sont maintenus en place par de petits morceaux d'étain pliés en angle, dont une partie repose contre le verre et l'autre partie est soudée à l'étain de la lanterne. Ces pièces sont mises en place au fur et à mesure que chaque morceau de verre est placé dans la lanterne, l'un en haut et l'autre en bas de chaque morceau de verre.

CHAPITRE XX
ÉQUIPEMENT DE CAMPING ET DE CUISINE

UNE CAFETIÈRE – DES Seaux BOUILLANTS – UNE POÊLE À FRIRE – UN GRILLE-PAIN – UNE DOUCHE DE CAMPING – UNE CANTINE OU UNE BOUILLILLE D'EAU CHAUDE – UNE BOÎTE D'ALLUMETTES

Une excellente cafetière peut être fabriquée à partir d'une canette d'un gallon ou d'une plus petite. Cette boîte doit être du type à bord roulé ou à joint verrouillé afin qu'elle ne fonde pas ou ne coule pas si elle devait accidentellement bouillir à sec.

Les pattes sont rivetées sur le côté de la boîte comme décrit dans la fabrication d'un seau au chapitre IX, page 100 . Une série de petits trous sont percés dans une formation triangulaire de telle manière qu'ils se trouvent immédiatement à l'arrière du bec lorsque celui-ci est soudé en place.

Le bec verseur est constitué d'un morceau d'étain séparé de forme triangulaire. Ce morceau d'étain est façonné puis riveté à la cafetière au-dessus des trous de passoire. Une fois maintenu en place par les rivets, il est étroitement soudé afin d'éviter toute fuite. Les rivets servent à empêcher le bec de fondre.

Un couvercle pour la cafetière peut être réalisé à partir du fond d'une autre canette de même taille. Certaines canettes sont munies d'un couvercle et constituent d'excellentes cafetières.

d'ébullition ou de cuisson . — Les seaux d'ébullition ou de cuisson sont fabriqués de la même manière que les seaux décrits au chapitre IX, page 100 . Il faut veiller à n'utiliser que des seaux à rebord roulé ou à joint verrouillé pour tout ustensile destiné à passer au-dessus d'un feu.

à frire . — La poêle est réalisée en découpant une grande boîte ronde ou carrée du type à joint roulé ou verrouillé. Les bords sont tournés et une poignée appropriée est rivetée comme illustré. Assurez-vous de riveter tous les joints qui doivent être soumis à la chaleur d'un incendie.

Grille-pain. — Un grille-pain ou un gril peut être fabriqué à partir de bandes d'étain pliées qui sont fortement rivetées ensemble, comme le montre la Fig. 95 . Assurez-vous de mettre deux rivets dans chaque coin du grille-pain.

La Cantine ou Bouillotte . — La cantine ou la bouillotte peuvent être constituées de deux moules à gâteaux ou à tarte soudés ensemble ou de grandes boîtes rondes d'un gallon coupées sur mesure et constituées comme une grande roue de boîte de conserve. Un bouchon à vis étanche peut être installé sur la cantine en retirant le bouchon à vis et le bouchon d'un bidon de sirop d'érable ou d'huile automobile et en soudant la vis sur un trou approprié dans la cantine. La plupart de ces bouchons à vis peuvent être fondus de la boîte d'origine par simple chauffage, le bouchon lui-même étant retiré au cours de cette opération.

PLAQUE XX

PLATE XX

A toy tin can kitchen made by author. The body of the range is made of a biscuit box. The draught door is made of the top of a pepper box, with sifter top. The ash door is made of the bottom of a pepper box. The oven door is made of the hinged tin lid of a little cigar box. The stove lids are made of can lids. The door handles are rivets. The range boiler is made of a long can; pipes are made of wire. The tea kettle is made of a shoe paste box.

Une cuisine en boîte de conserve jouet réalisée par l'auteur. Le corps de la gamme est constitué d'une boîte à biscuits. Le porte tirage est constitué du dessus d'une poivrière, avec dessus tamis. La porte en frêne est constituée du fond d'une poivrière. La porte du four est constituée du couvercle à charnière en étain d'une petite boîte à cigares. Les couvercles de poêle sont constitués de couvercles de canettes. Les poignées de porte sont des rivets. La chaudière de la cuisinière est constituée d'une longue boîte ; les tuyaux sont faits de fil. La bouilloire à thé est constituée d'une boîte de pâte à chaussures.

PLAQUE XXI

A doll's bathroom made by the author. The bath tub is made of a corn can, cut in half lengthwise. Part of another can of the same size is fitted with the open end of the first can. The edges are turned over. The washstand is made of the top and bottom of a spice box; the bowl is made of a varnish can cap. The column is made of a pill box. The mirror is made of a can lid.

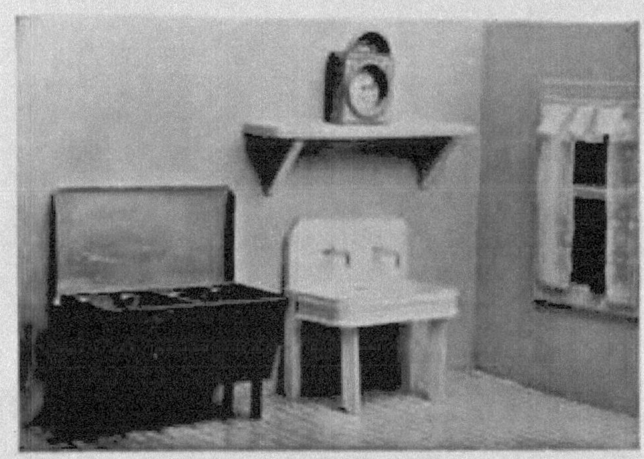

A tin can laundry made by the author. The laundry tubs are made of a cigarette box. Rivets are used as faucets. The sink is made of a pocket tobacco box. Cup hooks are used as faucets. The clock is made of a small tin box and can lids.

Une salle de bain de poupée réalisée par l'auteur. La baignoire est constituée d'une boîte de maïs coupée en deux dans le sens de la longueur. Une partie d'une autre boîte de même taille est équipée de l'extrémité ouverte de la première boîte. Les bords sont retournés. Le lavabo est constitué du haut et du bas d'une boîte à épices ; le bol est constitué d'un bouchon de pot de vernis. La colonne est constituée d'un pilulier. Le miroir est constitué d'un couvercle de boîte de conserve.

Une lessive en boîte de conserve réalisée par l'auteur. Les bacs à linge sont constitués d'une boîte à cigarettes. Les rivets sont utilisés comme robinets. L'évier est constitué d'une boîte à tabac de poche. Les crochets à tasse sont utilisés comme robinets. L'horloge est constituée d'une petite boîte en fer blanc et de couvercles de boîte.

Un bain-douche de camp. — Une douche de camping peut être constituée d'une très grande boîte de conserve, d'une boîte de colle à chaussures, d'un petit tuyau en caoutchouc et de deux petits morceaux plats d'étain.

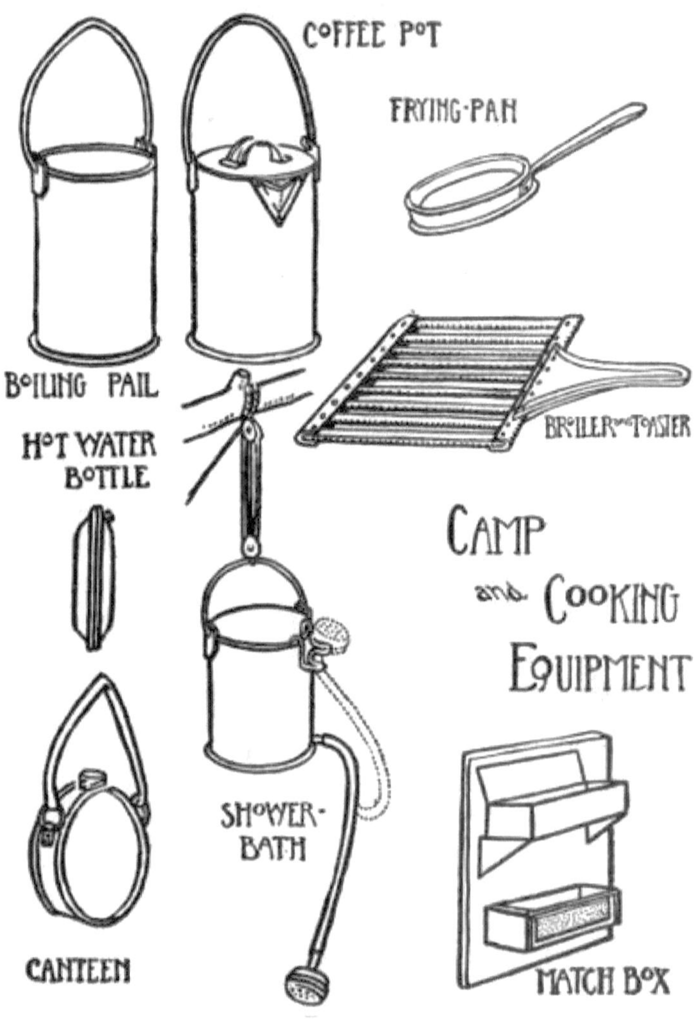

Un bidon de 5 gallons contenant de l'huile automobile est facile à trouver et un bain de lessive chaude éliminera toute trace d'huile. La solution de lessive est placée dans la boîte et portée à ébullition. Il est ensuite versé et le pot est rincé à l'eau chaude.

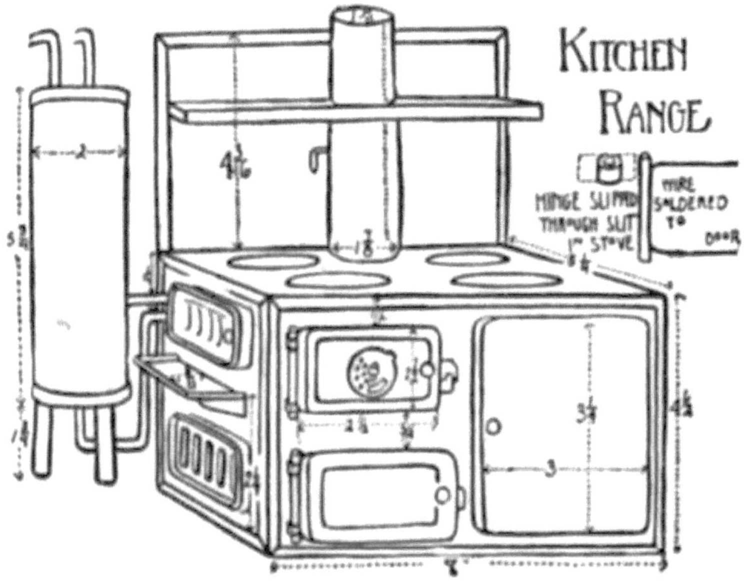

FIGURE 96.

Le dessus de la boîte est retiré et une poignée solide est fixée à la boîte. Un petit mamelon en étain est soudé sur le côté de la boîte, près du fond. Ce mamelon est simplement un morceau plat d'étain roulé dans une forme cylindrique et d'une taille appropriée pour qu'un morceau de tuyau en caoutchouc puisse être fermement ajusté dessus.

Un deuxième raccord de même taille doit être réalisé pour la buse de pulvérisation. La buse de pulvérisation est fabriquée à partir d'une boîte de pâte à chaussures ou de pommade. Un certain nombre de trous fins sont percés dans le couvercle de la boîte et le tuyau ou le mamelon en étain est soudé dans un trou prévu à cet effet au fond de la boîte.

Un crochet métallique est prévu sur le bord du seau pour maintenir la buse de pulvérisation en place lorsque l'on ne souhaite pas que l'eau en sorte.

Il s'avérera pratique de disposer d'une double poulie et d'une corde pour hisser le seau à une hauteur convenable après le remplissage.

La boîte d'allumettes. — La boîte d'allumettes est composée de deux boîtes à cigarettes, l'une pour les bonnes allumettes et l'autre pour les allumettes brûlées. Ces boîtes sont de taille suffisante pour contenir le tiroir à papier d'une grande boîte d'allumettes de salon.

Le dessus à charnière est laissé sur la boîte qui doit contenir les allumettes non brûlées. Cette boîte est soudée à deux équerres de support de manière à ce qu'elle soit maintenue éloignée de la pièce de fer blanc formant le fond des deux boîtes et que le couvercle de la boîte supérieure puisse être relevé. Le boîtier inférieur est simplement soudé à la pièce arrière. Trois bandes d'étain pliées sont soudées à l'avant de cette deuxième boîte pour former un support pour une bande de papier de verre sur laquelle frapper les allumettes.

CHAPITRE XXI
Préparer les jouets pour la peinture

ENLEVER LE SURPLUS DE SOUDURE AVEC DES GRATTOIRS—FAIRE UN GRATTOIR À HOUE—GRATTOIRS DE PLOMBIER ET DE Couvreur—RACLAGE ET LIMAGE—FAIRE BOUILLIR LES JOUETS DANS UN BAIN DE LYE—TROUS D'ÉVENT

Il arrive fréquemment que plus de soudure soit appliquée sur les joints qu'il n'en faut pour cimenter l'ensemble ou que la soudure reste dans un état plutôt rugueux ou grumeleux en raison de l'inexpérience du travailleur.

Le débutant ne doit en aucun cas se décourager s'il en est ainsi, car il y a un certain talent à souder proprement et cela ne s'acquiert que par l'expérience et en observant attentivement les règles simples qui régissent l'opération.

Le débutant doit s'assurer qu'il y a suffisamment de soudure pour maintenir le travail fermement ensemble. Le surplus de soudure peut être gratté à l'aide d'un simple grattoir en forme de houe. Un vieux couteau est également utile pour couper les morceaux de soudure. Une vieille lime ou une râpe dotée de dents très grossières peut être utilisée pour limer la soudure. Une lime finement taillée ne doit jamais être utilisée pour limer la soudure, car les dents fines se boucheront avec la soudure et la lime deviendra inutile pour tout travail ultérieur.

Fabriquer un grattoir à houe. — Un grattoir à houe peut être fabriqué à partir d'un tournevis bon marché, comme ceux que l'on peut obtenir dans les magasins à 5 et 10 cents. L'extrémité du tournevis qui est appliquée sur la vis est chauffée au rouge (un rouge terne). Il est ensuite placé rapidement entre les mâchoires d'un étau de manière à ce que les mâchoires le saisissent à environ ½ pouce de l'extrémité et avant que l'acier n'ait le temps de refroidir, il est plié comme une houe, voir Fig. 97 .

Utilisez une lime plate à dents fines pour limer les bords coupants à peu près à l'angle indiqué dans le dessin agrandi de l'extrémité active du grattoir à houe.

Lorsque l'outil est limé, chauffez à nouveau l'extrémité jusqu'à ce qu'elle soit rouge mat et plongez-la rapidement dans un seau d'eau plusieurs fois jusqu'à ce qu'elle soit entièrement froide. L'outil est alors prêt à l'emploi.

Le grattoir à houe est un outil très simple à utiliser. Le tranchant est simplement traîné avec une légère pression sur la soudure à retirer, et enlèvera un peu de soudure à chaque fois qu'il est traîné dessus. Cet outil peut être affûté facilement avec une lime lisse ou sur une meule lorsqu'il devient émoussé.

N'essayez pas de retirer trop de soudure à la fois et n'enlevez pas trop de soudure du joint car vous l'affaibliriez. Lissez simplement la soudure pour qu'elle soit belle une fois peinte.

pour plombiers et couvreurs . — Deux grattoirs très pratiques peuvent être achetés chez un revendeur d'outils d'étamage. L'un d'eux s'appelle un grattoir de plombier et est illustré à la Fig. 97 . L'autre s'appelle un grattoir à toiture et est illustré à la Fig. 97 . L'un ou l'autre de ces outils s'avérera très utile pour enlever la soudure.

FIGURE 97.

Faire bouillir les jouets dans un bain de lessive. — Lorsque les jouets sont complètement assemblés et avant d'être peints, ils doivent être soigneusement bouillis dans un bain de lessive pour éliminer toute graisse, pâte à souder ou acide, papier ou étiquettes peintes, etc.

Le bain de lessive est préparé en ajoutant deux grosses cuillères à soupe de lessive ou de lessive de soude au gallon d'eau bouillante. La lessive ou la lessive de soude peuvent être achetées dans n'importe quelle épicerie.

La solution de lessive doit être mélangée dans une vieille chaudière de lavage ou dans une grande boîte ou un seau, placée sur un feu chaud et maintenue à ébullition doucement pendant que les jouets sont immergés dans le bain de lessive. Il faut préparer suffisamment de solution de lessive pour qu'au moins la moitié de l'article à nettoyer en soit recouverte. Le jouet est laissé dans le bain jusqu'à ce que la partie recouverte de solution soit propre. Il est ensuite retiré du bain, rincé, puis la partie du jouet qui reste à nettoyer est placée dans la solution. L'ensemble du jouet doit être soigneusement rincé à l'eau tiède lorsqu'il est finalement retiré du bain de lessive. Assurez-vous qu'il est complètement sec et que toute solution d'eau ou de lessive qui aurait pu pénétrer à l'intérieur des parties partiellement scellées du jouet est éliminée avant d'essayer de le peindre.

Faites attention à ne pas mettre les mains dans la solution de lessive, chaude ou froide, car elle est très nocive pour la peau. Toute solution de lessive renversée accidentellement sur le tissu y fera des trous à moins qu'elle ne soit immédiatement lavée à grande eau. L'ouvrage doit être manipulé avec des crochets métalliques lors du retrait du bain de lessive.

Un bain de lessive fraîche doit être préparé de temps en temps, car il perd son pouvoir nettoyant proportionnellement au travail qui y est bouilli. De la lessive peut être ajoutée à un bain déjà préparé si ce bain n'a pas accumulé trop de saletés.

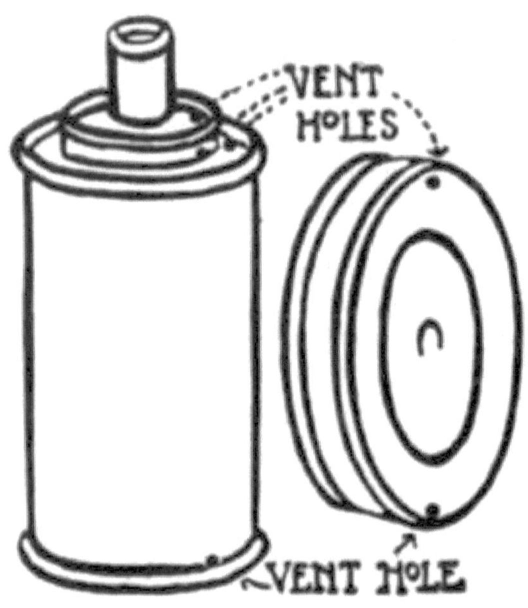

FIGURE 98.

d'aération . — Si une boîte de conserve est utilisée pour représenter une chaudière ou est constituée d'une structure en forme de tambour, telle qu'une roue, et n'est pas soudée de manière étanche à l'air, elle est susceptible de se remplir de solution de lessive chaude lorsqu'elle y est placée. À moins qu'il n'y ait deux trous d'aération ou d'aération dans une telle chaudière ou roue, la lessive ou l'eau ne s'écoulera pas entièrement lorsqu'elle sera retirée du bain, mais elle suintera de temps en temps, peut-être après que le jouet ait été peint pendant parfois. La lessive ainsi libérée ruinera toute la peinture avec laquelle elle entre en contact.

Au moins deux trous d'aération doivent être percés ou percés dans toutes les structures en forme de tambour utilisées autour des jouets, un trou en haut pour laisser passer l'air et un autre trou en bas pour permettre à l'eau ou à la solution de lessive de s'échapper. Ces trous d'aération sont particulièrement nécessaires dans les roues fabriquées à partir de canettes, voir Fig. 98 .

CHAPITRE XXII
NOTES SUR LA PEINTURE DES JOUETS

Les jouets en étain doivent être peints avec une peinture émaillée de bonne qualité. Les peintures émaillées contiennent du vernis qui sèche dur et brillant et forme une finition très durable et attrayante pour les jouets.

Il existe plusieurs marques populaires de ces peintures émaillées sur le marché et presque toutes donneront de bons résultats si elles sont correctement appliquées.

Plusieurs couleurs doivent être achetées pour commencer, noir, blanc, rouge cerise, jaune chrome, bleu de Prusse ou bleu royal. Avec cet assortiment de couleurs, il est possible d'obtenir une variété de nuances en mélangeant. Un pot de vermillon et un pot de peinture émail de couleur kaki, ainsi que de petits pots de peinture or, argent et bronze, s'avéreront des ajouts très pratiques à la collection de couleurs ci-dessus. Les peintures vermillon, or et argent sont utilisées pour peindre certains détails des jouets qui doivent être mis en valeur.

Assurez-vous de garder tous les pots de peinture bien couverts lorsqu'ils ne sont pas utilisés, afin que la peinture ne sèche pas et ne devienne pas épaisse et gommeuse au contact de l'air.

Plusieurs pinceaux doivent être achetés chez les marchands de peinture, le plus gros pinceau doit être composé de poils doux d'environ ½ pouce de large et le plus petit doit être un petit pinceau pointu pour les détails et le travail des lignes. Gardez toujours ces pinceaux recouverts de térébenthine après les avoir utilisés ou lavez-les immédiatement après en les frottant sur un morceau de savon avec beaucoup d'eau tiède.

Coupez plusieurs petites boîtes de conserve à la taille d'un plateau et utilisez-les pour mélanger la peinture.

Remuez toujours un pot de peinture avant de l'utiliser. Utilisez un petit bâton pour remuer et continuez jusqu'à ce que la peinture soit bien mélangée. Les peintures émaillées peuvent être diluées avec de la térébenthine et une bouteille doit en être gardée à portée de main.

N'utilisez pas votre peinture trop épaisse. La consistance doit être telle qu'elle s'écoule lentement du pinceau avant de passer le pinceau contre le côté du pot pour éliminer le surplus de peinture au début du travail.

Assurez-vous de mélanger suffisamment de peinture pour couvrir toute la surface à peindre si vous utilisez des couleurs mélangées, car il est très difficile de mélanger un deuxième lot de la même nuance de couleur.

Réfléchissez à la manière dont vous allez appliquer votre peinture avant de commencer. Essayez de planifier votre peinture de manière à ne pas avoir à travailler une seconde fois sur une surface peinte jusqu'à ce que cette surface soit complètement sèche. La peinture doit être appliquée doucement avec un pinceau. Juste assez de peinture doit être retenue dans le pinceau pour qu'elle coule sur le pot sans laisser de traces de pot à travers la peinture.

De manière générale, vous devez commencer par le haut d'une œuvre et peindre. Chaque nouveau coup de pinceau doit chevaucher celui situé au-dessus et éponger tout excédent de peinture des anciens coups de pinceau.

Peignez d'abord les parties complexes, puis les surfaces lisses. Par exemple, lorsque vous peignez la girouette de l'avion , utilisez un petit pinceau et peignez d'abord les entretoises, puis peignez autour des bases et des sommets des entretoises sur la surface des avions. Remplacez le petit pinceau par un plus grand et appliquez davantage de peinture sur la surface des avions, en ramassant la peinture autour des extrémités des entretoises au fur et à mesure que vous peignez.

Lorsque vous peignez un grand modèle, tel qu'un camion militaire, et que vous n'êtes pas sûr de la quantité de peinture nécessaire, mélangez suffisamment de peinture pour peindre toutes les parties du modèle qui sont le plus visibles et laissez les parties telles que le bas du cadre. et l'intérieur du corps jusqu'à la fin. Si vous devez mélanger plus de peinture pour ces dernières parties, cela n'aura pas d'importance si ce n'est pas exactement la même teinte.

Si vous n'avez pas beaucoup d'expérience dans le mélange et l'association des couleurs, il est généralement préférable d'utiliser les différentes teintes telles qu'elles sortent des boîtes, sans chercher à les mélanger.

N'utilisez pas trop de couleurs sur un même jouet, mais essayez d'obtenir un effet agréable avec deux ou trois couleurs qui s'agencent bien. Par exemple, un camion peut être peint d'une couleur vert olive ou kaki sur toute sa surface, à l'exception de l'avant du radiateur qui doit être peint avec de la peinture argentée.

Lorsque la première couche de peinture est complètement sèche, des lignes noires peuvent être peintes autour de la carrosserie et divers bords soulignés de noir. Les moyeux des roues, les feux, la jante du volant et le bouchon de remplissage du radiateur peuvent tous être peints en noir avec un bon effet. La partie des roues censée représenter les pneus doit être peinte en gris foncé. (Le gris peut être obtenu en mélangeant du noir et du blanc.)

Étudiez les gros camions vus dans les rues pour vous inspirer. Ces gros camions sont presque toujours peints de manière très simple et attrayante.

Les vraies locomotives sont actuellement peintes en noir, mais une petite locomotive jouet est bien plus belle si les roues sont peintes en rouge (vermillon). Une bande rouge peut être peinte sur le dessus de la cheminée et les bandes d'étain encadrant les fenêtres de la cabine doivent être peintes en rouge, tout comme le numéro du moteur, etc.

Le sifflet doit être peint avec de la peinture dorée ainsi que l'intérieur du phare, et de larges lignes peuvent être peintes autour de la chaudière avec de l'or pour représenter les sangles vues sur les chaudières des locomotives.

Peignez les pneus des roues du moteur avec de la peinture argentée. Les tiges de commande peuvent être peintes en noir ou en argent.

Une locomotive jouet ainsi peinte s'avérera bien plus attrayante pour un enfant que si elle était peinte en noir uni comme une vraie locomotive.

D'une manière générale, les jouets doivent être peints d'une couleur dominante d'une teinte attrayante et relevés ou égayés par des lignes et certains détails peints d'une couleur vive ou contrastée.

Laissez toujours une couche de peinture sécher complètement avant de repeindre dessus.

Les jouets en étain peuvent être cuits au four lorsqu'ils sont fraîchement peints. La cuisson sèche la peinture émail très rapidement et tend à la rendre très dure et lisse. Le four à charbon ou à gaz fera très bien l'affaire pour la cuisson, mais assurez-vous que le four n'est pas trop chaud, car un four chaud fera fondre la soudure et les jouets s'effondreront. Il est préférable de laisser la porte du four légèrement ouverte lors de la cuisson des jouets peints à feu lent.

Il n'est pas nécessaire de cuire les jouets après les avoir peints, car ils peuvent simplement être laissés sécher à l'air libre.

Peignez toujours lentement et soigneusement. Les jouets joliment peints pour correspondre à une bonne construction sont bien plus satisfaisants qu'un jouet bien fait et mal peint.